了不起的昆虫

What a wonderful insect world！

昆虫世界有很多令人叹为观止的现象，本书甄选了许多这样的例子，向大家介绍昆虫有趣的一面。

以动物界大颚闭合速度最快著称的大齿猛蚁（图为山大齿猛蚁）。在狩猎时，它张开大颚走来走去，一旦大颚根部的毛触到猎物，就会以时速 230 公里的速度瞬间闭合。

日本 © 岛田拓

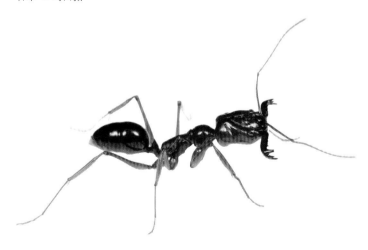

正在用丝把栖北散白蚁裹起来吃掉的鳞蛉幼虫（右）和它的成虫（左）。北美近亲种会放出毒气，毒死白蚁。
日本 © 小松贵

扁头泥蜂 *Ampulex compressa* 在用针刺美洲大蠊。
之后大蠊变得如僵尸一样任其摆布，扁头泥蜂就在大蠊身上产卵。
饲养 © 岛田拓

有毒的大帛斑蝶（左）和其拟态者，无毒的凤蝶属白斑纹凤蝶 *Graphium idaeoides*（右）。菲律宾 © 笔者

坚硬难食的硬象甲 *Pachyrhynchus* spp.（每幅图的左侧）和其拟态者拟硬象天牛 *Doliops* spp.（每幅图的右侧）。菲律宾 © 笔者

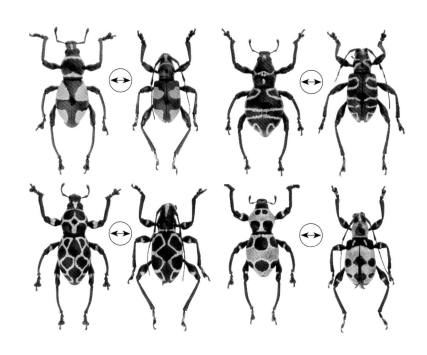

条纹钩腹蜂会在植物叶片上大量产卵。以叶片为食的毛虫会把蜂卵吃掉，这样，条纹钩腹蜂就间接达到了寄生捕食毛虫的胡蜂的目的。

日本 © 野村昭英

子嗣数量
Offspring

一种穴居性球蕈甲科甲虫 *Leptodirus hochenwarti* 仅产一颗巨型卵，孵化出来的幼虫不进食，变成蛹，再变为成虫。

斯洛文尼亚 © 笔者

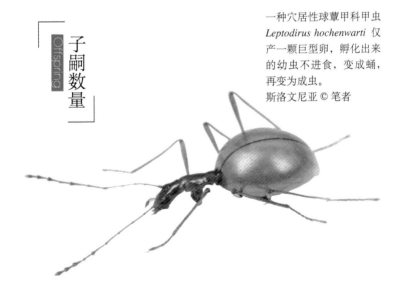

女巫萤属的一种 *Photinus* sp. 的雄虫（右），与靠发光来吸引雄虫的雌虫（左）。
美国 © 笔者

交尾中的舞虻科的一种 *Empis* sp.（上面两只）。雄虫把麻蝇作为求偶的礼物送给雌虫食用（下）。
日本 © 小松贵

Bocydium globulare

Cladonota luctuosa

Phyllotropis fusciata

Heteronotus horridus

Notocera sp.

Anchistrotus discontinuus

Umbonia spinosa

Oeda inflata

展现各种怪异姿态的南美角蝉。
摄于秘鲁

佐村悍蚁（右）正从被奴役的拟黑多刺
蚁（左）口中索取食物。
日本 © 岛田拓

向拟黑多刺蚁蚁后（左）发起挑战的雌叶形多刺蚁（候
补蚁后），接下来它将杀掉拟黑多刺蚁蚁后，成为新蚁后。
日本 © 岛田拓

雌性日本毛蚁（候补蚁后）抓住遮盖毛蚁的工蚁，之后，使全
身染上遮盖毛蚁的气味，为入侵寄主巢穴作准备。
日本 © 岛田拓

胡麻霾灰蝶幼虫和红蚁属 *Myrmica* sp.。幼虫散发出蚂蚁喜爱的气味，还模拟蚂蚁发出的信号，混入蚁巢捕食蚂蚁幼虫。
日本 © 岛田拓

共生性隐翅虫 *Procantonnetia malayensis*（下）正被光柄双节行军蚁 *Aenictus laeviceps*（上）拖着触角的第一节往前搬运。
马来西亚 © 小松贵

了不起的昆虫

〔日〕丸山宗利 著

柳永山 张辰亮 译

南海出版公司

新经典文化股份有限公司
www.readinglife.com
出　品

目录 CONTENTS

前　言

　　大约十万年前，人类的祖先从非洲开始踏上征程，在所到之处形成社会群体，接着跨越欧亚大陆，前往美洲大陆，在距今约一万年前到达南美洲大陆的南端。至此，人类的版图基本拓展到全世界。

　　此后，人类开始发展自己的文明与文化。数百年间，全球人口急速增长。人类如今已经成为对地球自然环境影响最深的生物。即便如此，人类也不过是这个星球上不计其数的生物之一。

　　比如本书的主角昆虫，世界上已知的种类就高达数百万种，在栖息于地球的物种中占很大比重。

　　它们虽说是常常被人瞧不起的"小虫子"，其能力却与人类不相上下，甚至能力比人类强大的也数不胜数。

　　本书以极其丰富多样的昆虫为对象，介绍它们有趣的生活和行为方式。虽说在有限的篇幅内难以将昆虫了不起的地方全部呈现出来，但至少可以让大家对昆虫有所了解。

最令读者惊讶的事实，恐怕是人类的文化活动和文明的大部分成就竟然比昆虫落后。这其实也是本书最大的关注点。

了解这些后，我们难免会在昆虫身上看到人类自己的影子。

昆虫的大部分行为是本能的表现，早已刻印在遗传基因中，而人类的很多行为是通过学习形成的，二者有本质的区别。所以对于人类和昆虫的比较研究，很多人或许会持批判意见。

然而就像控制感情和突发行为一样，食欲和性欲自不必说，人类的日常行为也大多受本能支配。作为生物，我们其实与这些乍看之下显得"低等"的昆虫有很多共通的特征。

我们在评论和解决这个世界的诸多问题时，往往没有认识到人类也只是一介物种，所以才对某些问题解释得有些勉强。

我并非社会学者，也不是评论家，不太了解具体的解决方案。如果不从生物本质出发解释人的构成，很多结论都难以成立。这样一来，以往的信心和信念甚至让人觉得不过是妄想。

这话虽然有些夸张，但通过本书中登场的各种昆虫了解生物的本质，进而看清人类也没有什么了不起之处，大概能让我们在今后艰难的人生道路上走得更轻松一点。

第一章

为什么昆虫如此
丰富多样

昆虫的多样性

地球是昆虫的星球

近几百年来，地球才发展成现在的模样，住满了人类，也挤满了人类所建造的建筑物。但比起地球上生命的历史（近四十亿年），甚至是地球现有的已知物种的历史（五亿年），都不过是短暂的一瞬。

让我们想象一下，在地球上的人口数量还没有这么多的时代，去日本的某片森林探险，会有怎样的感想呢？大家一定会惊诧于"为什么有这么多昆虫"、"昆虫的种类真多"。

现在人们普遍认为地球上已经基本没有原生环境（即未受到人类生活影响的环境）了，人类在改变着环境，几乎每天都有许多物种灭绝。全世界范围内的昆虫数量在减少，我们在城市里见到昆虫的机会也越来越少。

但从潜在的多样性来讲，"地球是昆虫的星球"这个说法一点也不为过。目前在地球上生息的昆虫还是十分繁盛的。

一百万种只是冰山一角

目前已知的昆虫种类超过一百万种，占已知生物物种（包括菌类、植物和其他动物）的一半以上。特别是陆地环境中，昆虫占物种的绝大多数。

而且，这一百万种只是已经探明的数量，还有很多未命名或未被发现的昆虫物种。学者们虽然各持己见，但一致认为目前昆虫界生存的未知物种的数量至少是已知物种的二到五倍。

对某个物种丰富的热带地区进行的调查显示，仅仅是蚂蚁的生物量①就远远超过此区域所有陆地脊椎动物（包含哺乳类、两栖类和爬虫类等）的生物量的总和。（如图所示）

将蚂蚁和全体脊椎动物按生物量大小置换后的比较示意图（Hölldobler&Wilson，1994 年后有变化）

顺便一提，日本已知的昆虫种类就有三万数千种，实际上

---

① biomass，生态学术语。指某一时刻单位面积或体积栖息地内全部生物个体的总重量。（原注）

还有同等数量甚至更多的物种未被发现。所以，发现新物种貌似是一件了不起的事，其实并不算什么，难的是找到判定它是否为新物种的科学依据。

昆虫是什么？

身体构造

那么，为什么要探究昆虫在地球上繁盛的原因？

在进入正题之前，我们先了解一下昆虫是什么。我会利用第一章内容来简单介绍一下昆虫，可能其中有些难懂的地方，读者朋友们也可以跳过这一章，从第二章开始阅读。

昆虫是动物（动物界）的一个族群，属于节肢动物门（例如螃蟹和西瓜虫就属于这个门类）昆虫纲。节肢动物的特征是具有外骨骼，体表被硬质外皮覆盖，里面是肌肉。大家想象一下餐桌上的螃蟹和虾就明白了。

包括人类在内的脊椎动物，身体各部分由骨骼连接，骨骼周围附着肌肉，这和昆虫的构造完全不一样。

此外，说到定义昆虫的基本形态特点，昆虫的躯体可以大致分为头部、胸部、腹部三段（图1）。

昆虫头部有口（基本是咀嚼和吮吸器官）、复眼（有的昆虫

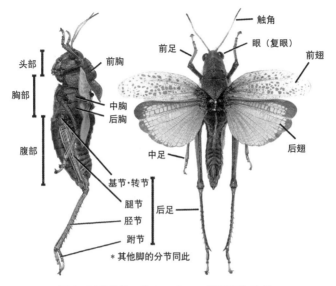

图 1　以笨蝗的一种 *Romalea* sp.（墨西哥）为例，
展示昆虫的身体构造和各部位名称

具有单眼）和触角，也就是分布着摄食器官和视觉等感觉器官。

　　在构造上，胸部还能细分为三节，每一节都有足，共三对六只。大部分昆虫胸部都长有两对翅膀，可以说胸部分布着运动器官。

　　腹部节数不定，除了末端的排泄器官、产卵器和交配器，其余每节的形状都差不多。腹部有主要的消化器官、卵巢或精巢，各节也排列着呼吸用的气门。腹部主要是进行消化吸收、排泄、生殖和呼吸的部位。

人体各个器官的机能多少有些差异，昆虫同样如此，分节的部分都有明确的机能，各司其职。

不属于昆虫的虫子

蜘蛛是不是昆虫这个问题，我经常被人问起。蜘蛛有四对足，而且头部和胸部合为一节，所以蜘蛛不是昆虫，它属于蛛形纲。

同样经常被大家质疑的还有蜈蚣（图2），它身体的每一节分别有一对足，共有数十只足，所以蜈蚣也不是昆虫。马陆身上每一节有两对足，它既不属于昆虫，也不属于蜈蚣。蜈蚣和马陆分别是唇足纲和倍足纲的节肢动物。

图 2　蜈蚣科的一种 *Scolopendra* sp.
（马来西亚）© 岛田

这种被称为"构造"的基本身体结构，是划分生物族群的重要依据。

日本古时候提到的"蟲"，泛指鸟类、鱼类和哺乳类之外的所有生物，这种解释现在已经行不通了，但人们还会习惯性地把蜘蛛、蜈蚣等和其他昆虫统称为"虫",其实可以把蜘蛛和蜈蚣等称为"不属于昆虫的虫子"。

顺便提一句,可能多数人认为毛毛虫(蝶或蛾的幼虫)有很多只脚,其实毛毛虫仅在身体前部有三对真正的足,后部是一些用来抓住植物的凸起(像疙瘩一样的部位),这些凸起仅在幼虫阶段出现,生物术语叫作"腹足"和"臀足"(图3)。

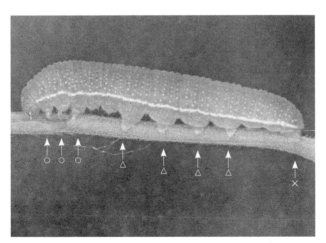

图3 天狗蝶的幼虫。左侧为头部,○是真正的足,△是腹足,×是臀足

向平时对昆虫不怎么感兴趣的人解释昆虫的定义有点难度,所以我会把容易混淆的虫子先列举出来:"除了西瓜虫、蜈蚣、马陆、蜘蛛、壁虱、蝎子,其余的虫子基本属于昆虫。但是要注意了,蛞蝓和蜗牛是截然不同的类别,它们属于贝类。"

多样性的秘密

飞翔和变态至关重要

让我们回到昆虫为什么如此丰富多样的问题上来。这个问题其实很深奥，可以写成一本大部头著作，我们在这里简单概括一下。

开始这个话题之前，应该先了解一下"飞翔"和"变态"，这是昆虫的两个特征。虽然也有不会飞和不发生变态的昆虫，但仅仅是少数，大部分昆虫进入成虫期会飞翔，成长过程中也会发生形态的变化（图4）。

百分之九十九的昆虫（其中有一些在进化过程中失去了翅膀）可以飞翔，百分之八十以上的昆虫会发生"全变态"。全变态是指幼虫到蛹期间的形态与成虫完全不一样，毛毛虫变蝴蝶就是个很好的例子。

另外，像蝉和蝗虫那样，幼虫长大后经过蜕皮长出翅膀，最后变为成虫，这种发育方式叫"渐变态"。那么像衣鱼这样的原始无翅昆虫，在成长过程中除了性成熟以外没有发生任何变态行为，则叫作"表变态"。

在昆虫界，表变态是最原始的状态，之后进化出长翅膀的

图4 昆虫从卵孵化出来后的变态过程:由上至下依次是衣鱼(表变态)、东亚飞蝗(渐变态)、凤蝶(全变态)© 长岛

昆虫,各种变态生活史也随之得到进一步的进化。

人类自古以来就梦想着飞翔,现在虽然借助飞机和直升机实现了半个飞翔梦,但最初是憧憬着像鸟儿一样自由地翱翔。

于是出现了描绘罗马神话中爱神丘比特张开翅膀飞舞场景的油画，也诞生了希腊神话中伊卡洛斯制作鸟儿的翅膀成功飞上天空的故事，人们借助这些绘画和故事表达对飞翔的向往。

然而，纵观空中飞行生物的漫漫历史，鸟类却是新手。在鸟类出现之前，天空的统治者是翼龙，更久以前，至少是翼龙统治天空一亿年前，昆虫已经飞翔在大地的上空，所以说，昆虫才是活跃在地球上空的第一批生物。

天空的首批征服者

前面说过，大部分昆虫可以在空中飞翔，所以飞翔对昆虫多样性有很大的影响，这也是不容置疑的事实。那么具体有哪些影响呢？

首先，飞翔拓宽了昆虫的生活圈。微型生物靠行走移动的距离非常有限，而通过飞翔，不仅在水平方向上可以实现长距离移动，同时也能进行垂直方向的位移，例如飞到树枝上或山顶。这种移动促使昆虫适应各种生活环境，是昆虫多样性的诱因之一。

而且飞翔让昆虫更容易逃脱天敌的追捕，还促使它们找到具有不同的遗传基因（非近亲）的配偶。

此外，以飞行为目的的进化也让翅膀具备了其他特征，比如利用色彩隐藏自身（蝗虫的翅膀和草叶相似），向周围释放有毒信号的警戒色（有毒蝴蝶的翅膀十分鲜艳），抑或为避免冲击和防止干燥形成甲壳（甲虫坚硬的翅膀）。也就是说，这样的进化让翅膀具备了飞翔以外的功能。

华丽的变身

紧随其后，对昆虫多样性有重大影响的是变态。变态是指昆虫在成长过程中发生了形态上的变化。比如蝴蝶和甲虫就属于典型的全变态昆虫。从卵孵化出的幼虫，经过多次蜕皮和静止不动的蛹的阶段，才成为成虫。幼虫和成虫的模样截然不同，这是全变态昆虫的显著特征。

生物以何种形态出现都具有一定的意义。形态不同，意味着生活方式存在差异。就是说，在全变态昆虫中，除了部分特例，幼虫和成虫的生活方式和生活场所是截然不同的。想想大家都熟悉的蝴蝶，就能更好地理解全变态昆虫了。

蝴蝶在植物上产的卵孵化成幼虫（青虫或毛毛虫），此后幼虫一直靠啃食植物长大。它就像一台专门进食的机器，除了躲避天敌和竞争者的时候挪动一下，其余时间都是吃了睡、睡了吃，不停地重复这个过程。接下来变成蛹之后，则在内部进行身体大改造。昆虫经过蜕皮成为成虫，但仅仅靠蜕皮还难以完成身体结构的巨大变化，必须要经历蛹这个"身体改造工厂"的阶段。从幼虫到蛹的变化也很明显，在蛹中完成进一步改造，最终破茧而出。接下来成虫离开出生的地方，开始吸食花蜜，储存养分，与异性交配。最后由雌性昆虫产卵。

也有一些昆虫的成虫不吃任何东西，在交配和产卵完成后便结束生命。这些成虫最基本也最重要的功能是繁殖活动。

全变态昆虫的生活史可以总结为三个阶段：不停地进食和成长的幼虫阶段，大变身的蛹阶段和进行繁殖的成虫阶段。用植物来类比的话，幼虫是从发芽到生长的过程，成虫则是开花结果的过程。

变态和多样性

那么，为什么这种变态会对昆虫的多样性产生影响？因为幼虫和成虫的生存环境存在差异。

昆虫分为幼虫和成虫两个阶段，前后的生活环境发生变化，这些背后都隐藏着重要的意义。幼虫会在食物丰富的地方专心地进食，好好成长。这与接下来要拥有的飞行能力有一定关系，成为成虫后就可以分散到（大多是飞去）其他的地方，那里没有近亲存在，可以选择更好的生存环境产卵。

如果能适应与此前完全不同的生活环境，就意味着有可能诞生新的物种。

至于那些不变态的昆虫，它们该怎么办呢？没有实现飞行进化的昆虫是原始类昆虫，属于不会变态的缨尾目或石蛃目。

无翅昆虫移动距离有限，幼虫和成虫都生活在同样的地方，生活环境单一，所以它们的形态相似，种类稀少。

这些事实说明飞翔和变态对昆虫多样性产生了巨大影响。

进化是什么

生物今天的多样性是对各种环境反复适应后长时间进化的结果。适应是指能够在新的环境中生存或摄取其他饵料，这只是"进化"现象中的一种形式。

进化这个词经常出现在如下场合，比如形容毕加索的画风随着年龄发生变化，或是多年之后汽车的车型发生改变，往往用在人造物产生的变化上，可在生物学中的定义却不一样。

简单说明的话，突然变异导致的性质改变（伴随遗传基因的改变）是基于严苛自然环境的甄选。也就是说，由于自然选择，那些有利于生存的遗传基因会得以继承。如此反反复复，生物的形态和性质便随着时间的流逝（世代交替）发生改变，这就是生物的进化。

比如说，一只蝴蝶飞到一株幼虫不能食用的植物上产卵，碰巧它的幼虫突然变异，可以把这株植物当作饵料，转换成营养。接下来它的子孙也由于突然变异完全适应了这种植物。这种偶然的重复实际上经常发生。

昆虫在适应新环境的过程中发生了形态上的变化，但这个变化要达到人类的眼睛能区别开来的程度，才会被定义为"新物种"。但是昆虫的进化不只是形态，还包括遗传基因等各种"性质"上的改变，所以不能以人类是否能区别出来作为标准。

突然变异发生的概率也是对生存有利的概率，大家可以很容易地想象出，这种反反复复的变化过程需要长久的时间。特别是进化到人类可以用眼睛识别的阶段，通常要以几十万年甚至几百万年为单位。

最近学界普遍认为，遗传基因（遗传基因频率）的变化是进化的根源，还有突然变异、自然选择，以及杂交种类形成等各种要素，都影响着进化的进程。

进而言之，形态上的进化不一定是朝着机能复杂化的方向。由陆地进化到水中的鲸已经不能在陆地上行走了，这属于有得也有失的情况。另外，生活在洞穴中的昆虫失去了眼睛，这种看似"退化"的情况其实也是一种进化。

进化大事件

昆虫今天的多样性是在长出翅膀或发生变态这类"事件"的基础上，不断进行物种分化的结果。我们把这类事件称作"进化大事件"。

不同的研究者对于昆虫的统计方式也有所不同，但一般是按照二十五目到三十目这种大的群类划分（具体分类详见下表）。

昆虫的变态类型和类别一览表

变态样式	所属目	代表性昆虫（科或种）
表变态	石蛃目	石蛃
	缨尾目	衣鱼
渐变态	蜉蝣目	蜉蝣
	蜻蜓目	蜻蜓
	襀翅目	石蝇
	纺足目	足丝蚁
	䗛目	竹节虫、叶䗛
	直翅目	蝗虫、蟋蟀、蝈蝈、灶马
	螳䗛目*	螳䗛
	缺翅目*	缺翅虫
	蜚蠊目(广义)	蟑螂、白蚁
	螳螂目	螳螂
	蛩蠊目	蛩蠊
	啮虫总目(广义)	啮虫、虱子、羽虱
	缨翅目	蓟马
	半翅目	蝽、蝉、沫蝉、蚜虫、介壳虫等
全变态	广翅目	齿蛉
	蛇蛉目	蛇蛉
	脉翅目	蚁蛉、草蛉、褐蛉
	鞘翅目	步甲、龙虱、隐翅虫、金龟子、象鼻虫等
	捻翅目	捻翅虫
	膜翅目	蜂（胡蜂、蜜蜂、叶蜂）、蚂蚁
	双翅目	蚊子、苍蝇、牛虻、蚋
	长翅目	蝎蛉、蚊蝎蛉
	蚤目	跳蚤
	毛翅目	石蛾
	鳞翅目	蝴蝶（弄蝶、蚬蝶等）、尺蛾、天蚕蛾、蚕蛾等

* 代表的是并未分布于日本的昆虫目

其中有几目队伍庞大。

最大的是鞘翅目，已知种类有三十七万种。仅次于鞘翅目的依次是膜翅目、双翅目和鳞翅目，已知种类分别为十五万到十六万种。以上群类都属于全变态昆虫，数量占据了已知昆虫（一百万种）的半壁江山。

这些目的昆虫都有自己的进化大事件。比如甲虫目中的独角仙长出坚硬的前翅，可以抵御恶劣的天气和捕食者的进攻，从而可能在更多样化的环境中生活。膜翅目昆虫获得了适应寄生在其他昆虫身上的产卵形态。双翅目昆虫获得了出色的飞行能力和环境适应能力。鳞翅目昆虫长出带有磷粉的翅膀，并向更多样化的植物扩散栖息。

渐变态的昆虫中，半翅目是很庞大的一支，包括八万多种。传统的半翅目包括蝽、蝉、叶蝉、沫蝉、蚜虫和介壳虫等。它们的口器呈针状，通过刺吸植物养活自己，所以植物的多样性也促进了昆虫多样性的发展。

综上所述，各种目经历的大大小小的进化事件，促进了昆虫多样性的进程。

生物生存的目的

在解释进化的同时，笔者想从生物学角度顺便讨论一下，包括我们人类在内的生物的生存目的到底是什么。其实可以用最近流行的一个说法"自私的基因"来回答。生物的个体是遗传基因的载体，自然把延续基因作为最大的课题。可以说，所有生物生存的目的都是为了延续基因，与生物相关的一切现象都能从这里得到解释。

还有一个词叫"适应度"，指的是繁衍子孙的能力，"适应度"的高低成为衡量生物个体的价值标准。后文即将介绍的那些社会性昆虫中，也有一些个体采取的行为是有利于其他个体的。这种行为被称作利他性行为。实际上，这些昆虫如果与其他个体有血缘关系（共通的遗传基因），也可以提高自身的"适应度"。从这层意义上看，刚才所说的理念依然行之有效。

上述这些内容虽然显得有些枯燥无趣，但想理性而冷静地研究昆虫，它们是必不可少的。

第二章
智慧生活

收获

与植物的深刻关系

如同我们人类以蔬菜、水果、谷物为主要食物一样，以植物为食的生物数不胜数。为了确保源源不断的食物，生物会倾向于栖息在有植物的地方。昆虫当然也不例外。

如今，被子植物的种类丰富多样。原始的陆上苔藓植物进化出蕨类植物，再进化出更高级的可以结种子的种子植物。种子植物又分为银杏等裸子植物和被子植物。顾名思义，种子裸露、没有果皮包被的是裸子植物，反之，种子外有果皮包被的就是被子植物。除了我们熟知的苔藓、蕨类、银杏、苏铁等，其余的植物大部分都是被子植物。

被子植物出现在一亿几千年前，由于生态上的优越性，它们很快覆盖了整个地球。与此同时，昆虫的多样性也得到飞跃性的发展。在这种背景下，伴随着被子植物的多样化，以种子为食的昆虫也发生了分化，出现了借助昆虫传授花粉的植物和以花粉或花蜜为食的昆虫。很多时候，这两种分化同时丰富了植物和动物的多样性。

而且，一旦植食性昆虫增多的话，肉食性昆虫也会随之增加。本来在隐蔽环境中生存的肉食性昆虫就会移居到植物上，有些开始猎捕植食性昆虫，有些则寄生在其他昆虫身上产卵。枯木与落叶等植物的残骸也会成为各种昆虫的生活场所或食物。

植物与昆虫之间的斗争

当然，以植物为食的肯定不只是昆虫。植物多样化的历史就是一部植物与植食生物，特别是与昆虫之间战斗的历史。

实际上大多数植物中都含有防御昆虫的物质，也就是昆虫毒素。

农作物大都经过改良，所以毒素含量很少，而大多数野生植物对我们来说都是有毒的，或味道苦涩，或有异味，不能成为食物。这些特征实际上就是植物的防御之术。当然，能不能成为毒药，还要看植物和吃这种植物的生物了。比如在我们看来很难吃的植物，食草类哺乳动物却嚼得津津有味；还有那些人类一吃就会毙命的剧毒植物，昆虫却能毫不在乎地食用。相反，有时候狗吃了洋葱或可可（巧克力）会危及生命，人吃了却没有任何问题。这种情况就是前文说过的对植物的特化和适应。

那么，在大自然中，对某些植物产生特化的昆虫就可以无忧无虑地食用它们了吗？事实并非如此，植物和动物之间经常相互打出对抗策略。植物通常的做法是向昆虫啃食的部分输入防御物质。为了应对这些，昆虫就切断输送防御物质的叶脉。比如，东南亚的叶甲科甲虫以海芋叶为食，吃之前会在叶片上标记一个圆形（图5），然后再慢慢地把圆圈内的部分吃掉。

图 5　正在吃海芋叶的一种阿波萤叶甲 *Aplosonyx* sp.（马来西亚）[①]© 小松

蛱蝶科的青斑蝶幼虫在采食假防己这类有毒植物时，瓢虫在采食防御物质含量多的植物时，都会采取类似的行动。

植物的弱点是没有攻击力，不能驱赶来去自如的昆虫。那些用毒素防御昆虫的植物一旦防御之术被破解，就只能接受成为口中食的命运了。还有很多昆虫甚至利用从植物中吸收的毒

[①]图注中没有特意标注国名的昆虫是日本本土昆虫。分布在日本的昆虫学名已经省略。（原注）

素抵御天敌。

植物也会雇用杀手

一提到蜂类，很多人首先会想到胡蜂或蜜蜂。这些大型蜂类在蜂族群中只是少数特例，大部分蜂类是寄生在其他昆虫身上的微小型寄生蜂，而它们是大多数昆虫最害怕的天敌。许多昆虫身上都有这种特化的寄生蜂。蝴蝶和蝽等昆虫把卵产在显眼的地方，会被一种专门寄生在卵中的“卵寄生蜂”袭击。

之后我们会探讨寄生蜂的生态，很多植物会利用寄生蜂作为自己的保镖。

甘蓝夜蛾的幼虫以玉米或棉花叶为食，植物的成分和它的唾液混合后会形成吸引寄生蜂的化学物质。可以理解为植物为了保全自己，求助寄生蜂这个杀手杀掉威胁它的虫子（虽然不能立刻将对手置于死地）。

我们人类食用的卷心菜之类的十字花科植物，对大部分昆虫来说其实是有毒的。但是,这种毒素不但被菜粉蝶幼虫（图 6）顺利克服了，而且还成为吸引其摄食的物质。不过，菜粉蝶吃掉卷心菜后，唾液与其他物质混合，还是会转变为吸引寄生蜂的物质。

还有很多像这样雇用保镖或杀手的植物，之后我们将介绍一个典型的案例——和蚂蚁共生的适蚁植物。

图6 菜粉蝶的幼虫 © 长岛

糖果屋

昆虫不但会采食植物，有时还会寄生在植物内部。给大家介绍一种会制造"虫瘿"的昆虫。有一种叫作瘿蚊的小蚊子，产下的每一颗卵，都会在植物上形成虫瘿（图7）。具体过程是这样的：植物上的虫卵孵化成幼虫，潜入植物内部进食。被啃食的叶子开始长出一个小小的肿瘤般的东西，并像果实一样慢慢膨胀，幼虫就寄居在里面发育成长，直到成熟后才离开。幼虫分泌出让植物变异的化学物质，刺激植物在不应该结果的地方长出看似有营养的果实，完美地操控着植物。另外，蚜虫、木

图7 瘿蚊科昆虫在血桐叶上制作的虫瘿（马来西亚）© 小松

虱等半翅目昆虫，瘿蜂科昆虫和象鼻虫等甲虫也会使植物长出虫瘿。

想必大家小时候都幻想过住进糖果屋中。这些昆虫就实现了这个愿望，它们控制着植物，打造出一个"糖果屋"，逍遥自在地住在里面。

综上所述，植物和各种昆虫都有密不可分的关系。它们时而互相利用，时而针锋相对。这样一来，昆虫也对植物的多样性作出了很大贡献。

捕食

绝妙的保鲜技术

人类想随时吃到鱼和肉，就得面对如何保存这些"尸体"的难题。现在的冷藏技术很发达，但在古代，碰上运气好捕获很多猎物时，除了晒干或腌制，就只能尽快吃掉。

捕食性昆虫通常会尽快吃掉食物，但狩猎蜂发明了一套独家保鲜技术，可以每天为幼虫提供食物。它们擅长麻醉术，用毒针使猎物处于假死状态，这样就可以维持新鲜长期保存了。

蜂类中有一类叫作细腰亚目的高等族群，其中包含蜜蜂、胡蜂等大中型蜂类，它们大多属于捕食性蜂类。

它们在狩猎、筑巢、产卵等习性上千差万别，在研究昆虫生态时，社会性昆虫才是最有意思的。比如雌性泥蜂会在地面上挖坑道筑巢，再寻找螽斯科的镰尾露螽，抓住它并注入少量毒素，麻醉镰尾露螽的神经中枢，使其长时间不能动弹；然后把它抱回巢穴，在它身上产卵后再埋起来。孵化出来的幼虫就以镰尾露螽为食，生长发育，其间镰尾露螽一直处于活着的状态，被一口一口啃食，直到死亡。这也是许多捕食性蜂类幼虫的共同特点。

蜘蛛、螳螂、蝉、蝴蝶和蛾的幼虫以及甲虫等会成为狩猎蜂的捕食对象。狩猎蜂攻击猎物时会直击对方要害，此后它们的筑巢方式各不相同，有的会提前找到一个类似竹筒的洞，然

图 8　捕获到大个盲蛛的背弯沟蛛蜂 © 小松

后把猎物运进去，有的捕获猎物后在原地筑巢。

蛛蜂科的蜂类专门捕捉蜘蛛（图8）。沙漠蛛蜂是世界上最大的蛛蜂，张开翅膀后比小孩的手掌还要大。它们的猎物主要是遍布美洲的大型蜘蛛（如狼蛛）。

毒气攻击

一定有人看过过去那种巨幅的捕鲸画卷，画里的人乘一叶扁舟捕到一条巨大的鲸。那渺小的生物挑战巨型生物的情形是一场生死搏斗。如果能在现场观看，此情此景一定震撼人心。

脉翅目的鳞蛉科昆虫就有这种挑战强大对手的勇气和魄力。鳞蛉幼虫时代生活在白蚁的巢穴里。虽然成虫以白蚁为食，但对刚出生的幼虫来说，白蚁是无比强悍的对手，光是那可以刺穿木头的大颚就够受的了。

但是鳞蛉幼虫能释放出含有麻痹功效的物质，发动"毒气攻击"，让白蚁动弹不得。以上介绍的是生活在北美的鳞蛉的习性，日本的鳞蛉（彩图第2页）的狩猎方式其实不太一样，其幼虫会一口咬住爬过身边的落单的白蚁，见白蚁不能动弹，再把它拖到安全的地方吃掉。

白蚁营养丰富，以白蚁为食的幼虫会在两周时间内迅速成长为蛹。

昆虫想捕获比自己个头大的猎物很有难度，但如果捕猎方法运用得当，便会事半功倍，这是迅速补给营养的最佳手段。

巨大的猎物

还有一种昆虫会捕食比自己大许多的猎物。一种生活在南美的隐翅虫会袭击比自己体长数倍的蚂蚁。它们先在蚂蚁队列附近徘徊，看到比较孱弱的蚂蚁，就把它从队列里揪出来吃掉（图9）。

图9　正在袭击布氏游蚁 *Eciton burchelii* 的一种隐翅虫 *Tetradonia* sp.（箭头所指）（厄瓜多尔）

东南亚地区的另一种隐翅虫也会袭击体重是自身数倍的蚂蚁。虽说体形小，但它面对对方强有力的大颚时却毫不示弱。在小小昆虫的世界里，居然能感受到一丝热带草原上的猛兽互相厮杀的紧张。

　　还有一种在南美生活的金龟，专门捕食大型蜈蚣。这种金龟的头部前方有两枚牙齿，能紧紧咬住比自己大的蜈蚣，将其撕碎后吃掉。

秘方

　　猎蝽科的某种羽猎蝽（图 10 ）捕食蚂蚁的方式有些奇怪。

图 10　羽猎蝽的一种 *Ptilocerus* sp.（泰国）© 小松

　　它们腹部下方有一个洞，看到蚂蚁的时候，就把这个洞朝向蚂蚁。蚂蚁被它释放出来的气味吸引，靠过来后，仅仅数十秒，身体就被麻痹不能动弹了。

　　虽说羽猎蝽是行动笨拙的昆虫，但它利用体内特殊的化学物质麻痹猎物，悠闲地捕食。这样捕食方式如同施展魔法一般，真是充满了奇幻色彩。

操纵僵尸

在寄生性生物中，通过操纵寄主达到目的的并不在少数，就像操纵一具半死的僵尸一样。

首先举一个非昆虫类的例子：线形动物门的铁线虫长约二十到三十厘米，寄生在灶马或螳螂身上。为了在水中繁殖，铁线虫在寄主体内长大后，会操纵寄主前往有水的地方，一旦来到水边，立刻破腹而出。此举让灶马成为溪流性鱼类重要的饵料，也让其他水生昆虫获得了生机，从而保护了河川的生态环境。

日本也有一种长背泥蜂科的蜂，专门捕食蟑螂，让幼虫吃蟑螂长大。亚洲热带区域广泛生息的美丽物种扁头泥蜂，其狩猎方式经常被科学家拿来研究。这种蜂会往蟑螂体内精准地注入两次毒素，第一次注入胸部神经节，准确地麻痹蟑螂的前脚，第二次注入蟑螂掌管逃跑反射行动的神经（彩图第2页）。蟑螂的体格要比蜂大很多，蜂无法带着它飞回巢穴，于是将它变成一具能走路却逃不掉的僵尸蟑螂，拉着它的触角，引诱它回巢后，在上面产卵。

还有一种蚤蝇科蚤蝇属的蝇寄生在名为火蚁的北美蚂蚁身上（图11），其幼虫在蚂蚁体内发育成熟后，会把蚂蚁的头"割下"，再从中爬出化蛹，听起来就叫人毛骨悚然。

在被蝇的幼虫割掉头之前的八到十个小时内，这种蚂蚁会离开巢穴，到处走动。虽然蚂蚁具有攻击性，此刻却不会展露

图11 正在追击日本毛蚁的日本产寄生蚤蝇（箭头所指）© 小松

出来。就像"僵尸"一样，没有意志的蚂蚁也丧失了"神志"。这时的蚂蚁只是一个行走的工具，找到最合适的羽化环境，即杂草堆积的地方，便一头钻入其中。不久，蚂蚁会被体内的幼虫"斩首"，幼虫在蚂蚁头中化蛹，羽化后从蚂蚁的嘴里飞出来。日本也有很多同科的蝇类，很可能也有这种行为。

动物界的速度之王

最后，我们来介绍一种原始而有效的狩猎方式。

很多昆虫都有令人恐慌的敏捷身手，就拿我们身边飞来飞去的苍蝇来说，相信大家都有死也打不到、气得牙痒痒的经历吧。如果曾经是热爱昆虫的少年，也一定会过那种抓到手的蜻蜓又逃走的悔恨心情。

实际上，面对天敌时，昆虫的反应更加迅速。拿一种叫美洲大蠊的蟑螂做实验，天敌蟾蜍吐出舌头时，它们的反应时间仅有 0.022 秒，大约比人类反应速度快十倍。所以对蚊子和苍蝇来说，人类伸过去的手充其量只是一面缓缓靠近的墙壁。

有很多昆虫利用速度来捕猎，比如分布在热带地区的山大齿猛蚁（彩图第 1 页）。"大齿"的意思是大颚，它以发达的大颚为特征命名。

山大齿猛蚁一旦发现猎物，会张开大颚慢慢靠近，大颚根部长着长长的毛，一触到猎物，就会以时速 230 公里的速度闭合，像钳子一样紧紧地夹住猎物，整个过程只需要 0.13 毫秒。拥有这样惊人的速度，捕捉再矫捷的猎物也不在话下。

这种狩猎方法也在蚂蚁科的昆虫间经过多次进化，东南亚的虎甲等昆虫也有类似的捕食行为。这种利用大颚直接捕捉猎物的方式虽然很原始，但只要运用自如，就能达到惊人的效果。

装饰

色彩的意义

关于生物的颜色，可以说我们几乎一无所知。那些在人类眼中异常华丽的生物，终究是以人的视角去观察的，不知道它们是否在自然界里也如此光彩夺目。

生活在热带的美丽的吉丁科（图12）和丽金龟科的大型甲虫就是这类蒙受误会的昆虫的代表。它们闪着强烈的金属光泽，在我们人类眼中是十分艳丽的，但它们的栖居地日照强烈，如果我们观察落在光滑叶子上的金龟，会发现它的颜色其实并没有那么耀眼。

并不是所有闪着金属光泽的昆虫都是这样，没有在昆虫原始的栖居地观察过，就无法确定这一点（这也不过是我的想象罢了），仅仅靠我们的眼睛下定论是不可取的。

不过，昆虫的色彩可没那么简单，有一部分吉丁虫的确色泽鲜艳。它们中有不少会释放出臭味，这样一来，身上的色彩无异于在向它们的天敌——即鸟类发出"我很臭"的讯息，因此也叫"警戒色"。

还有更复杂的昆虫会灵活运用这些美丽色彩的功能，在有鸟类等多种天敌存在的环境中，有时（对某些捕食者来说）起到隐蔽的效果，有时发挥警戒色的作用。这也许就是昆虫身上的色彩的意义所在。

后文中关于拟态的部分也会涉及这些内容。人们通常认为某种生物的色彩或形态是针对特定的捕食者进化而来的，这其实是一个误解。在生物学拟态研究中有很多这样的例子。虽然本书中介绍的昆虫特征也主要从这个角度出发，但一定要考虑到这层意义之外的含义。

无论如何，我们要清楚，有些昆虫在人类眼中拥有鲜艳的色彩，实际上并非如此。

此外，从生理意义上来讲，生物的视觉器官有很大的差异，毕竟像人类一样可以看到各种颜色的动物只是少数。还有一些生物甚至可以看到紫外线和红外线的反射光。

人类的眼睛可以区分出红色和绿色的昆虫，而这些色彩的差异背后也许并没有什么实际意义。比如，八重山诸岛（西表岛和石垣岛）上生活着带有金属光泽的绒毛金龟，不同的个体有红、金、绿的变异色。而在日本本土生活的以鹿粪球为食的金彩粪金龟也有红、绿、蓝的变异色。

图12　吉丁虫的一种 *Demochroa gratiosa*
（马来西亚）© 小松

蝴蝶为何如此美丽

基于人类的角度来判断生物的色彩没什么意义，毕竟其他生物未必拥有和人类一样的色彩感。但当你看着美丽的花蝴蝶时，还是会不自觉地思考它为何如此美丽。

蝴蝶一般在路边或草原等宽广无垠的地方飞舞，在野外的确十分显眼。它们在原始机能都已衰退的人类眼中都那么醒目，在天敌鸟类眼中就更不用说了。

关于蝴蝶色彩的意义，很久以前就有各类研究者提出各种各样的假设，但大部分都比较笼统，只列举了几个模糊不清的事例，缺乏实证。

比如，蛱蝶科的拟斑脉蛱蝶，幼虫时代会采食有毒植物，将毒素储存在体内，直至成为成虫。还有些蝶类本身含有毒性，或者含有鸟类讨厌的成分。这种蝴蝶身上艳丽的色彩对捕食者鸟类来说就是警戒色。还有些蝴蝶雌性特别朴素，雄性则五彩斑斓（如图13）。

关于这种情况，有以下几种推测，比如"朴素的雌性可以免于被鸟类捕食，从而安心产卵"，"雄性争夺地盘的时候，鲜艳的色彩更利于识别对方"，"雄性在寻找异性的时候很惹眼，所以用警戒色传达身上有毒的信息"，"雌性选择艳丽的雄性的结果"等。

图 13　天堂鸟翼凤蝶 *Ornithoptera paradisea* 的雄性
（左）和雌性（右），雄性蝴蝶闪着黄绿色的金属光泽
（巴布亚新几内亚）

　　从相关资料来看，有毒的蝴蝶大多具备警戒色，但就像上
述"推测"一样，很难找到证明这些现象的确凿证据。必须用
严格筛选过的捕食者来做实验，但在这种实验条件下，我们不
能确定捕食者的行为是否自然，而且也难以将多个设定好的捕
食者聚集到一起。

　　在物种极其丰富的热带观察昆虫，会发现昆虫与捕食者之
间的关系更加复杂，更加难以判定。过去，很多关于色彩方面
的研究也是在这种复杂的状况下完成的。我们对研究者付出的
努力表达敬意的同时，也不免有些小小的质疑。

　　我觉得在很多情况下，人类并不能完全理解昆虫色彩的意
义，我们在追寻这层意义的道路上，倒是获得了很多乐趣。

模仿

模仿自然界

音乐、绘画、工业制品等都是人类创造出来的，但其实没有一件完全是原创的。人类的行为也是如此，都是在或多或少地效仿过去发生过的事情。

实际上，人类以外的生物都有模仿行为，会不自觉地根据需要对事物进行模仿，但人类的模仿行为是在主观意识的支配下进行的，昆虫却不能随心所欲地改变自己。我相信世间肯定有模仿得活灵活现的生物，但与人类不同的是，它们的模仿行为不以生物的个体意志为转移，是基于不断的突然变异和自然选择的结果。

生物模拟其他东西的姿态、颜色或气味等行为被称为"拟态"。拟态是生物模拟行为中最高明的技能，事实上，大部分昆虫多多少少都存在拟态行为。

被认定为拟态的行为中其实有一些还没有定论，这为研究昆虫的色彩和形态的意义带来了困难，其中最容易理解的只有"隐蔽拟态"这种现象。

隐蔽拟态是为了不引起捕食者的注意，模仿其他动植物的状态，就像我们所说的忍者的"隐身之术"。

我们身边最常见的例子大概是模拟树叶形态的直翅目的蝗虫或螽斯。另一种有名的拟态昆虫是竹节虫。除非它们在移动，否则很难被发现。

　　这类昆虫的模拟对象一般是植物（图14），叶虫顾名思义，是因为它可以巧妙地模拟树叶。东南亚或南美地区也有很多酷似树叶的螽斯种类，还有一些类似苔藓或地衣植物。

　　当然，拟态现象不局限于模拟植物。生活在日本河边或海

图14　巨叶䗛 *Phyllium giganteum*（马来西亚）© 小松

图15　某种斑翅蝗 © 小松

边的斑翅蝗（图 15）和某种尖翅蝗会模拟与地面相似的颜色或地表形态，还有一种生活在非洲干旱地区的蝗虫会模拟成小石头。

单是日本地区的昆虫中，就有潜伏在地衣植物中的脉翅目蚁蛉科的日本树蚁蛉幼虫，以及会伪装成树皮的瘤蛾科的柿癣皮夜蛾等，这类采用巧妙拟态行为的昆虫简直数不胜数。

化学拟态

尺蠖是身边的昆虫中值得一提的例子，它是尺蛾科昆虫幼虫的统称，大多数的形态类似植物的一部分。有很多种类形态酷似树枝，例如桑尺蛾的幼虫俗称"碎土罐"，因为它外形长得特别像树枝，人们常常看错而把土罐挂上去，结果摔碎了。

白顶突峰尺蛾的幼虫（图 16）靠吃树叶生活，所以除了外表，体内甚至都有与植物相似的成分。这不仅能对付鸟类这种视觉

图 16　白顶突峰尺蛾的幼虫 © 长岛

狩猎者，也是针对蚂蚁这类嗅觉捕食者的有效手段。这种模拟其他生物化学成分的行为叫作"化学拟态"。这种蛾的幼虫在进行隐蔽拟态的同时，也进行了化学拟态。

狐假虎威

"狐假虎威"的意思是假借别人的权力虚张声势，这种现象在自然界里也比比皆是。无毒昆虫模拟有毒物种的现象被称为"贝氏拟态"，得名于这个现象的发现者，英国伟大的博物学家H.W. 贝茨。

其中最著名的例子是之前提到的斑蝶科蝴蝶和分布在南美地区的釉蛱蝶亚科。在这些蝴蝶生息的地区，生活着各种会拟态的无毒蝴蝶。比如说，斑凤蝶等凤蝶科的蝴蝶会依据物种和地域的差别，巧妙地模拟各类斑蝶（彩图第3页）。它们相似的不只是姿态，由于有毒蝴蝶的天敌较少，所以大多飞得比较慢，凤蝶会模仿斑蝶的飞行姿态，虽然说不上是目中无人，但它们大摇大摆飞来飞去的样子，让人不得不联想到我们一开始提到的那个成语——"狐假虎威"。

分布在日本的透翅蛾科的一种蛾能巧妙地模拟胡蜂或马蜂，于是捕食者因为害怕蜂的毒针对它避而远之。一种生活在南美的灯蛾拥有更巧妙的拟态行为，它们怎么看都不太像蛾，就连身体细长的部分都在模拟蜂类。

图 17　马蜂 *Polistes* sp.（左）和其拟态者灯蛾的一种 *Myrmecopsis* sp.（右）

行走的宝石

让捕食者厌恶的除了毒素，还有一个重要的条件是难以下口。教会我们这个道理的，是一种叫作硬象甲的象鼻虫，它们主要分布在台湾省南部一个叫兰屿的小岛至菲律宾一带。

硬象甲正如其名，鞘翅非常坚硬。兰屿岛上的原住民达悟族人通常在比力气的时候，以能不能用手指捏碎硬象甲的外壳为依据。制作标本的时候，连昆虫针都快弄弯了，也难以刺穿它。

分布在菲律宾的硬象甲种类丰富，不同地域的物种有各式各样的圆点或条纹状的鲜艳色彩，看上去就像行走的宝石一般美丽耀眼，然而这也是一种针对捕食者的警戒色。

有趣的是菲律宾各地都有硬象甲的拟态者。外形最相似的是一种天牛科甲虫，叫拟硬象天牛（彩图第 3 页），但它长着长长的触角，通过这一点足以判断它不是硬象甲，此外它的鞘翅也没有那么坚硬。

一般说来，难以下口的模拟对象要比模拟者的数量多，这是因为捕食者多次吃到难吃的东西才会认清真相，模拟对象一旦减少的话，这种学习的机会越来越少，模拟行为自然也无法成立了。这种情况在拟硬象天牛身上达到了极致，捕食者捕获的几百只硬象甲中可能只混杂着一只拟硬象天牛。

前面说过，人类无法判断昆虫的颜色在自然界中是否抢眼，但硬象甲十分坚硬，捕食者无法下口，模拟这一点的昆虫也有很多，所以，应该能判断其鲜艳的颜色是一种警戒色。

我在菲律宾的吕宋岛和民都洛岛调研的时候，经常见到硬象甲。除了拟硬象天牛外，还有很多昆虫的形态和硬象甲相似，感觉菲律宾岛上的昆虫形态受硬象甲的影响很大。

助纣为虐

关于硬象甲还有一种有趣的现象，同样拥有坚硬外壳的不同属别的象甲，因为在同一个区域内栖息，形态都很相似。正如我所说，这些难以下口的有毒生物相互模仿，这样每个个体被捕食的可能性就能相对降低一些。

这种拟态叫缪氏拟态，得名于首先描述这种现象的生物学家弗里茨·缪勒。缪氏拟态即两种有毒的物种互相模仿，这样可以互相分担被捕食的压力。贝氏拟态则是一种无毒的物种模仿另一种有毒的物种。

举一个我们身边的例子——胡蜂，日本本土的某个地方发现了四五种胡蜂，都有橙黑相间的条纹。同时马蜂中一些种类也长着同样的花纹。

在亚洲的热带地区，情况有所变化，所有的蜂都是腹部的前半部分为橙色，后半部分为黑色。而分布在日本的同类蜂种却有一些小小的变异。缘由尚不明确，可能是互相模拟的结果，也可能是受当地优势物种色彩的影响。

黑色、黄色或红色的色彩代表有毒，这已经是昆虫界的铁律。对于鸟类、蜥蜴、青蛙等大部分捕食者来说，这也是容易识别的颜色。人类也把黑黄相间的色彩应用在警戒线等警戒标识上。

之前提到斑蝶也有拟态行为，会与其他种类的斑蝶互相模拟，就连有些身怀剧毒的斑蛾也会模仿斑蝶（图18）。

图18　有毒的异型紫斑蝶（左）和斑蛾科的一种 *Cyclosia midama*（右）（越南）

事实上，毒性的强弱在某些情况下并不能作为区别贝氏拟态和缪氏拟态的依据，还有些拟态根本无法明确认定为贝氏或缪氏拟态，但除了部分特例，毒性的强弱确实为我们提供了一些容易理解的拟态实例。

此外，作为两种拟态的得名对象，贝茨和缪勒在当时都很有名气，是饱受生物学家诟病的进化论的有力支持者。说到贝茨，他对进化论的发展也产生了很大的影响。没有什么案例比拟态生物的例子更有助于理解自然的选择。贝茨和缪勒一定认为这些拟态现象只能用进化论来解释。

恋爱

甜蜜的味道

在本书开头，我们就提到，生物的首要目的是延续自己的基因，所以繁殖是生命中最重要的事情。大部分一年生的植物在种子落地后就迅速枯萎了，昆虫也是一样，交尾或产卵是它们一生最终的意义。

许多昆虫为了避免近亲繁殖，会尽量和远距离外的异性进行交配，但是昆虫并没有人类那样的相亲活动或通信设备，它们为了邂逅异性，需要花费不少功夫。

最原始的方式是在自己的生活环境里爬动、飞翔或游动，寻找与其他异性邂逅的机会。

古老的昆虫衣鱼或翅膀已退化的大步甲（图19）只能在周边移动。蝴蝶、蜻蜓那样的昆虫会飞到别的地方寻找异性。慢慢发展到像独角仙或锹甲那样，聚集在树液附近寻找异性。天牛的幼虫以枯木为食，所以成虫会聚在枯木上寻找异性交配。

雌性和雄性昆虫相遇后，如何区分对方的性别又成了新的问题。大多数昆虫的雌性和雄性在外表上并没有大的区别，当然这是我们从人类的视角看到的情况，它们并不具备像人类一样发达的视觉系统。少部分昆虫如蝴蝶或蜻蜓视力发达，拥有在白天飞翔时辨别雌雄的能力，那么其他昆虫该怎么办呢？

在这里我们要讲一下费洛蒙。雄性昆虫能感知到雌性分泌的费洛蒙，从而判定对方的性别，进行交尾活动。

实际上，大部分动物拥有相同的组织构造。人类反而是这种功能已经退化的少数陆生生物之一。

顺便说一下，最近的研究表明人类也会发出类似费洛蒙的气味，在很多情况下影响着恋爱行为。有一个很好的例子，为了避免近亲交配，青春期的女孩会讨厌爸爸身上散发的味道，却对其他异性的味道产生好感。

考虑到性行为是人类的本能活动之一，那么与性有关的味道自然也隐藏在人类本能背后，发挥着作用。

图 19　大步甲 © 长岛

敏锐的感知力

　　提到昆虫的费洛蒙，就不得不提到法国昆虫学家法布尔的研究：在实验室的铁网里放入一只天蚕科的雌性孔雀天蚕蛾（图20左），然后把窗户敞开，过一个晚上，第二天早上就发现网里飞入了大约四十只雄性孔雀天蚕蛾。

　　费洛蒙是一种化学物质，雌性为了吸引异性，会通过腹部的毛束将它释放到空气中。雄蛾的触角像鸟的羽毛一样（图20右），这种构造有助于它们更敏锐地感知费洛蒙因子。这个感知器官如同巨大的抛物面天线，不放过任何一个信号。

　　实际上，我们在蚕蛾的实验中了解到，哪怕是一个分子的费洛蒙也可以被感知，雄蛾会根据费洛蒙的浓度高低判断雌性所处的方位。

图 20　孔雀天蚕蛾 *Saturnia pyri*（法国）（左）和日本地区的雄性近亲的触角（右）© 铃木

情歌

　　人类有视觉、听觉、触觉、味觉和嗅觉。这是人类独特的感觉分类，大部分昆虫的感觉有相互重叠的部分，比如声音被振动所取代，与触觉重叠。在暗处活动的昆虫利用身体的触毛感知空气的振动和触感，这相当于人类的视觉。而且很多情况下，昆虫的味觉和嗅觉交叠在一起，活动时也会同时利用触觉。与人类这种清晰的五感分类不同，昆虫在日常活动中经常同时动员所有的感觉器官。

　　然而，像蝉、蝈蝈、金钟这类昆虫可以发出人类能听到的声音，它们身体上有与耳朵相似的构造，有独立而发达的听觉系统。蝉腹部下方的膜状物相当于人类的鼓膜，蟋蟀或蝈蝈则在前肢关节部位有相当于鼓膜的听觉器官（图 21）。

图 21　雄性黄脸油葫芦和前肢关节上的听觉器官（如小图箭头所示）©长岛

　　有很多昆虫可以发出高分贝的声音，它们把声音作为召唤异性的工具。在部分场合，雄性昆虫会利用声音虚张声势，炫耀自己的地盘。也就是说，声音是昆虫的语言。这是除了进食以外，人类与昆虫的另一个难得的相似之处。

　　实际上，很多昆虫发出的声音是人类的耳朵听不见的，葬甲科负葬甲属的甲虫（图 22）在繁育下一代的时候，会发出一种人类和其他昆虫听不到的声音或震动，与孩子交流，这是它

图 22　老鼠尸体上的四星负葬甲©小松

们独有的语言。

法布尔曾经做过一个实验，在蝉的附近发射大炮，结果蝉没有任何反应。这不是因为蝉听不到声音，而是因为蝉并不会感知那些不必要的声音（不在蝉感知和反应的音域内的声音）。

我们人类听到蝉鸣，会觉得烦躁或忧伤，但蝉可能无法听到人类之间的对话。这和我们感知不到小小昆虫之间的对话一样。虽然人类和昆虫都把声音作为道具，但道具的内在构造却不相同。

骗婚

提起会发光的昆虫，不得不说说萤科的甲虫。都都逸[①]唱道："蝉因情所困而鸣，萤火虫却默默无声。"静静地发出忽明忽暗的求爱信号，是萤火虫给大家留下的神秘印象。

萤火虫利用自己的发光性来吸引异性交尾，也有一些种类的萤火虫只有雌性可以发光，用以吸引雄性。

然而可怕的是，这一习性也被它们的天敌所利用。有一种生活在北美的肉食性女巫萤属的萤火虫（图23），会发出与 *Photinus* 属（彩图第5页）的雌性相同的信号，继而把被吸引来的雄性吃掉。

我曾经在美国芝加哥住过一段时间，那时在附近的公园里

---

①日本江户末期的一种俗曲，由七、七、七、五的格律组成，主要歌唱爱情。

图 23　女巫萤的一种 *Photuris* sp.

经常见到 *Photinus*，那一闪一闪的光芒总让我怀念起日本的萤火虫。有一天晚上，我恰巧看到一只 *Photinus* 被女巫萤抓到了，在微弱的光芒下，我目睹了它被一口一口吃掉的全过程。这可怕的情景令我心有余悸，也让我感慨能亲眼目睹这般奇妙的景象。

　　萤火虫的把戏就像人类利用他人的情感进行欺诈的把戏，而它们自己稍不留神便会沦为天敌的口中餐，也让人领教了昆虫世界的险恶。

　　那么肉食性女巫萤又是怎样进行交配的呢？雌性只在未交尾时才会发出同种之间的固有信号，吸引雄性前来交尾。交尾完成后，再去模仿 *Photinus* 的信号，把受到吸引前来赴约的雄性 *Photinus* 当作饵料吃掉。

　　此外，大部分萤火虫是不发光的，即使发光也仅在蛹和幼虫时期。萤火虫中还有一些种类会发出恶臭，让捕食者难以下咽。日本的源氏萤、平家萤及成虫期也不会发光的北方锯角萤

（图 24）都有鲜艳的红黑色彩，属于缪氏拟态。东南亚很多种属的萤火虫全身耀眼的黄色也属于缪氏拟态。

图 24　北方锯角萤（胸部有红色条纹）
© 小松

　　幼虫或蛹的发光行为与繁殖无关，据说是针对夜行的捕食者发出的警告信号。

彩礼大作战

　　人类在恋爱时，会把送礼物当作取悦对方的手段。女人收到礼物时会很开心，男人虽然很少收到礼物，但对收礼物这件事也是十分渴望的。而在昆虫界，这种类似"送彩礼"的求偶行为十分常见。

　　其中比较有名的例子是舞虻，顾名思义，这是一种会聚群飞舞的蝇子，不同种的舞虻在送礼行为上略有差异，但都是雄性展示出猎物，以此为诱饵吸引雌性前来交尾（彩图第 5 页）。

　　虽说细节还没有得到科学的验证，但可以肯定的是，雄舞虻这种行为的首要目的是得到交尾的机会。舞虻选择求偶礼物的喜好也因种而异。有的会抓一只其他种属的舞虻，有的则从蜘蛛网上抓一只蜘蛛。此外，有的舞虻会从前脚抽出丝，把猎物包起来，装饰一番后再送给对方。这样做既能让猎物无法动弹，也是一种谨慎的捕猎方式。

最有趣的是，有的舞虻会用丝伪造一个中空的包裹，来骗雌性交尾。在这种情况下，礼物也就失去了食物的意义，仅仅沦为一种仪式，对雌性来说也没有什么实际意义。

雄性的价值

那么，这种仪式化的行为到底有什么意义呢？

一般来说，雄性仅仅在产生精子时，才与不同雌性进行多次交配。然而雌性生产的卵子有限，不能肆意交配。这种情况下，雌性会慎重地选择交配对象，即主要由雌性一方来选择雄性。而雄性可以多次交配，所以出现多只雄性争抢一只雌性的局面。

比如，雄孔雀的尾巴要比雌孔雀的大而华丽，这是由于雌性主要以尾羽的华丽程度来选择配偶，因此雄孔雀就进化得异常艳丽。雄鹿的犄角很大，这也是由于在争夺交配权的战争中，拥有雄壮犄角的雄鹿往往会取得胜利活下来。这些性状在异性选择配偶的过程中得以发展和巩固，被称为"性选择"或"性淘汰"。

就像前文叙述的那样，进化的发生依靠自然选择，那些具有有利的生存特征的个体才能存活下来，那么雌雄个体之间无关生存的行为差异或性状差异，一般可以用"性选择"来解释。

舞虻为了获得与雌性交尾的机会，会趁雌性进食的间隙与之交尾，所以把猎物作为礼物其实是一种繁殖策略，舞虻最初是从这种策略中进化而来。不难想象，比起送礼物这件事，更大的意义或许在于雌性可以据此判断雄性捕猎的能力和体力。（雄鹿的犄角也有相同的意义）。

这种性选择也同样适用于人类。女性要求男性赠送昂贵的礼物，借此观察男性"价值"的行为，是有生物学意义的。同样，男性在择偶时也会提出"年轻"或"腰肢纤细"等与生殖相关的要求。

各式各样的礼物

长翅目中有一种叫蚊蝎蛉的雄性昆虫，也会把猎物奉送给雌性。雌性会根据猎物的数量和质量来选择雄性。不得不说昆虫世界也是非常残酷的。

礼物当然不局限于猎物。赤翅甲（图25）的雄虫会捕食一种含有斑蝥素的甲虫，将毒素储存在自己体内。它头部的凹槽会分泌这种毒素，交配的时候，雄性则将一部分斑蝥素转送给雌性。雌性会产出含有斑蝥素的卵，这样可以保护卵不被其他

图25　雄性赤翅甲 © 长岛

昆虫吃掉。

此外，蠡斯或灶马在交尾时，雄性除了精包之外，还会给对方一团类似果冻的东西。这其实是一个营养丰富的礼包，雌性很喜欢吃这个礼物，汲取其中的养分（图26）。

雌虫以精包或精子为营养源的不在少数。这一点对雄性来说，不仅可以提高与雌性交配的几率，还能确保交配后的受精卵获得充分的营养。

最极端的情况是，雄性在交配后把自己作为礼物"奉献"给雌性，成为对方的食物。比如雄螳螂在交尾后会被雌螳螂吃掉。通常是雌螳螂一边吃着对方的上半身，一边交配。此刻雄螳螂仅有下半身是活着的，以完成交尾任务。正是这种能力让雄螳螂的基因得以延续。

然而并不是所有的雄螳螂都会被配偶吃掉，如果掌握好

图26　一只正在吃精包的雌灶马

图 27 交尾前就被雌螳螂啃食的雄螳螂（右）© 小松

要领，可以顺利地和不同雌性交尾，可惜拥有这种本领的雄螳螂少之又少。相反，如果接近雌性的方法不对，也有很多可怜虫还没完成交尾就被吃掉了。

在广袤的森林或草原中，小小昆虫之间相遇的几率极为微小，加上并没有高密度地聚居在一起，邂逅同类只能靠偶然的运气。昆虫们为了增加相遇的机会，使出了各种各样的手段。

爱之舞

大部分昆虫采用的是阴茎插入式的交配方式。然而像石蛃目或衣鱼目的原始昆虫并不具备发达的生殖器，无法进行交尾。取而代之，雄虫将精包排出体外，雌虫再捡起它，将内含的精子传送到储精囊。很多时候交尾行为是在没有征得雌性同意的情况下进行的，但石蛃想要交尾时，需要积极表现获得雌性的认可，为此要进行一系列复杂的求爱活动。

雌雄石蛃相遇后（图28），雄虫会先转着圈跳舞，用自己的触角不停地摩挲雌虫，等到雌虫兴奋起来，雄虫腹部分泌出丝，在地面上结出一个斜面网，将精包排到上面，诱导雌虫的腹部前端接触丝上的精子，将其纳入体内。

图28　石蛃科的一种 © 小松

另外，也有雄虫在地上放一个带柄的精子粒吸引雌虫，或是用类似阴茎的器官插入雌虫的输卵管，让雌虫直接受精。有的雄虫还会像衣鱼那样，在舞蹈过程中伺机把精子输入雌虫体内。虽然它们是原始昆虫，却有各式各样细腻有趣的小心思。

石蛃生活在潮湿的岩石上，以陆生藻类为食，身形类似纺锤状的虾，虽然不常出现在我们周围，但在潮湿的森林里随处可见。衣鱼的日文汉字写作"紙魚"，英文为"Silver fish"（银色的鱼），是我们身边常见的种类，隐藏在书本或旧家具的缝隙里。衣鱼和石蛃一样，身上布满鳞片状细毛，就像鱼一样，而且求爱活动也和某些鱼类相似，确实能用"鱼"这个名称来形容它们的身体特征。

性行为

贞操带

把自己的基因延续下去，是所有生物与生俱来的本能。青蛙和大多数鱼类等水生生物的雄性，通过体外受精使自己的精子与交配对象的卵子结合。而大多数陆生生物是体内受精，不过雌性配偶仍有和其他雄性交配的可能。

人类面对这种情况，通常会以忌妒来表达自己的不安。在这一点上，动物倒不必担心，它们为了让自己的基因被优先选择，采用了一种更不择手段的极端方法。

最直接的方式是在与雌性交尾之后，让对方不能与其他异性交尾。人类曾经发明了带锁的金属内裤，叫作"贞操带"。同样，昆虫世界也有这种东西。

日本虎凤蝶或冰清绢蝶这类早春时节现身的小型凤蝶（图29），雄蝶在交尾时把精包送入雌蝶体内，同时分泌出黏液，用交尾栓（交尾囊）把它的生殖器盖上。这样一来，雌性就无法与其他雄性交尾了。这种蝴蝶是否交过尾也一目了然。

名为龙虱的水生甲虫虽然也会做交尾栓，但雌性能用脚把它取下来。对雄性来说，这可真是个悲伤的故事。

图29　日本虎凤蝶（左）和冰清绢蝶雌性腹部的交尾栓（右边的箭头所指的三角凸起）

为了阻止雌性和其他雄性交尾，昆虫还有各种各样的方法，比如说有的雄性会不停地与配偶发生关系。舞毒蛾（图30）在交尾后会一直和雌性黏在一起，阻止其他异性的引诱。

不论是不停地交尾，还是交尾结束后仍然待在对方背上，这类行为都称作交尾后的保护行动。长额负蝗（图31）就是一个典型的例子。锹甲在交尾后也会一直待在雌性背上，让其他

图 30　雄性舞毒蛾 © 奥山

图 31 正在交尾的长额负蝗 © 长岛

雄性无法靠近。

霸王硬上弓

雄性昆虫当然也会遇到已经与其他雄性交过尾的雌性，这种情况下再给它戴上贞操带也没有意义了。

但是，珈蟌科的深山珈蟌的雄虫在这种情况下仍然会强行与雌性交尾，它们的阴茎前端有突起，交尾时能拔出之前的雄性留在雌性身体里的精包。

此外，与人类不同的是，大多数雌性昆虫可以把精包保存在体内，产卵的时候，再从里面取出精子进行受精。也就是说，受精时用的是预先藏在雌性体内储精囊里的精子，这意味着靠近储精囊入口的精子会被优先使用。

例如侏红小蜻（图32）就会把前一次交配的雄性的精包顶到里面，再把自己的放进去。

图32　雄性侏红小蜻（世界上最小的一种蜻蜓）© 奥山

雄性之间的这种行为叫"精子竞争"，无论是被拔出来还是顶进去，应付这种竞争，雌性都很不容易。当然，雌性和多只雄性交尾后，谁的基因最后留下来，就代表它选择了谁。

非同寻常的交尾方式

说起交尾，体内受精的陆生生物采用的基本都是阴茎插入阴道的方式，但有些昆虫偏偏不走寻常路。

以别名"南京虫"的吸血性半翅目臭虫（图33）为例，雄性臭虫将阴茎刺入雌性腹部合适的位置，注入精子。一般说来，精子会通过血液到达雌虫相当于卵巢的部位，从而受精。所以，只要观察雌性臭虫的腹部有没有伤口，就知道它是不是"处女"，是否交尾过，交过几次尾。

臭虫的腹部有一个特殊的袋状器官，据说是为了防止外伤引起的感染。臭虫不采用正常的交尾方式，而采用这种不同寻常的交尾路线，其原因目前还不明确。

图33　臭虫 © 长岛

还有一类与甲虫颇为相似的族群——捻翅目，所有的种类都是寄生性昆虫。大部分种类只有雄性可以飞翔，雌虫就像蛆一样，整个身体躲在寄主体内，只露出小小的头部（如图34）。雄性成虫生命短促，飞行觅偶。交配时，会在雌性相当于交配器的部分之外，找一处插入阴茎，进行交尾。因为雌虫身体的大部分都是输卵管，所以精子可以通过血液运输到达卵子所在的位置。

果蝇等昆虫也采用类似的交尾方式，虽说原因不明，但也许这种方式比普通的交尾更适合它们。这种不同寻常的方法或许可以避免其他雄虫像前面介绍过的那样，把自己的精子往雌虫体内推或直接拔出体外。

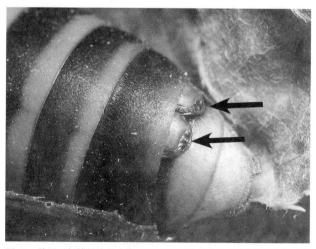

图34 从黑尾胡蜂的腹节中探出头来的捻翅目雌虫（箭头所指）© 小松

同性恋

一般说来，交尾后雌性会接受雄性的精子。但是，昆虫会打破你的常规认知。

花蝽科的一种蝽,同性之间也会进行交尾。由于雄虫没有阴道,所以它和捻翅目的昆虫一样,把阴茎插入另外一只雄虫身体的某个部位,送入精子。

接下来,我们用 T 和 N 来解释一下这个过程(T 代表插入者,N 代表被插入者)。T 的精子到达 N 的精巢内部,之后 N 再和雌虫交尾的时候,有可能把 T 的精子一起送入雌虫体内。也就是说,T 把自己的精子托付给别的雄虫,不用亲自出马,也能提高自己精子的受精率。

拟步甲科的甲虫赤拟谷盗也有这种著名的"同性恋行为"。这个物种的雄虫还会为了丢弃体内质量不好的旧精子,将其射入其他雄虫体内。

雌雄颠倒

Neotrogla(图 35)隶属啮虫目,生活在巴西境内的洞穴里,雌性会将性器官插入雄性类似阴道的交尾器官中吸收精包。也就是说,雌雄的交尾关系颠倒了。啮虫目雄虫的精包富含营养,雌虫为了吸收营养物质,积极采取这种交尾形式。

在通常的性选择上,由于卵子要比精子更难产生,所以进化方向是由雌性来主导的,雄性需要通过竞争来争取雌性。而对 *Neotrogla* 来说,雄性分泌营养物质更为不易,雌性拥有更多

图35 *Neotrogla curvata* 正在交尾,雌性在上面,雄性在下面(巴西)
©Rodrigo L. Ferreira

交尾的可能,于是性选择在这里发生了逆转。

此外,大部分昆虫的交尾姿态是雄性伏在雌性的背上,将阴茎插入雌性相当于阴道的部位。而 *Neotrogla* 完全相反,由占据主导权的雌性伏在雄性背上进行交尾。

谋杀幼子

狮子和长尾叶猴有杀死幼崽的行为。这两种动物都会建立自己的"后宫",新后宫形成之际,其他雄性的幼崽会被杀掉。理由众说纷纭,其中比较普遍的观点是处于养育期的雌性失去了幼崽,才会再次发情,雄性为了早早获取交配和繁衍后代的机会，就杀死幼崽，促使雌性发情。

有些昆虫也有类似的行为，也属于雌雄逆转的案例。比如水生半翅目的大型昆虫日本大田鳖（图36），它们栖息在水田或池边，以青蛙和鱼为食。

图36　雌性日本大田鳖　© 奥山

雌性田鳖会在伸出水面的树枝或植物上，集中产六十到一百颗卵，雄性卧在卵上保护它们，并且往返于卵群和水中，以保证卵的湿润，直至孵出幼虫。如果没有雄性的保护，卵可能会腐烂，无法顺利孵化。雌性田鳖在水中发现雄性，会强迫其交尾产卵，这时雄性会放弃自己一直守护的卵群，开始守护新的卵群。有时雌性甚至会找到雄性一直守护的卵群，实施破坏。卵群被毁掉之后，雄性就会和新的雌性交配，之后开始守护新产下的卵。

这种情况下，人们一般都会同情雄性，觉得雄性对雌性唯命是从。雌田鳖的行为非常耐人寻味，为了争夺守护卵群的雄性，它们之间会展开激烈的竞争，不惜杀掉其他雌性的幼子。可以说这是一个有待研究的有趣课题。

阴茎大小的法则

昆虫和人类的一个不同点在于内骨骼和外骨骼的区别。昆虫与虾等节肢动物，相当于骨骼的部分覆盖在体外，而人类和鱼等脊椎动物的骨骼在体内。二者交配器官的构造也有所不同。昆虫的阴茎和阴道由几乎没有柔软性和伸缩性的外骨骼构成。雌性昆虫的交尾器（阴道）和雄性昆虫的交尾器（阴茎）就像锁和钥匙的关系。

动物基本上都会避免和其他物种进行交配，因为这种徒劳的交配（无法受精）不会产生后代，就算侥幸产生杂交后代，被环境淘汰的几率也很高。

一旦有了这种严格的锁和钥匙的关系，就不会和其他物种进行无谓的交配了。

这种现象叫作"交配前生殖隔离"，前面说过，昆虫会在交尾前依靠费洛蒙识别对方是否是同类。因为这种锁和钥匙的固定关系，一只营养良好的大块头雄虫和一只营养不良的小个儿雌虫是无法完成交尾的，大钥匙无法插入小小的锁孔。

锹甲个体变异显著，成年雄虫体形差异非常大，那么它们之间这种类似钥匙和锁孔的关系会有所区别吗？我们对多只曲颚前锹甲（图 37）身体各部位进行测量后发现，与其他部位相比，阴茎的变异程度其实并不是很大。

图 37　曲颚前锹甲的雄虫 © 长岛

也就是说不管雄虫体形如何，它们的阴茎是差不多大的，这样基本都可以完成交尾。也有许多昆虫的成虫体形变异很大，它们的交尾情况应该也十分有趣。

顺便说一下，我们经常把体形较小的锹甲成虫误认为幼虫，认为它们以后还会长大，其实昆虫变成成虫后，除了一些极为特别的例子，体形不会再变化了。

多子与独子

克隆增殖

克隆是指创造拥有同一起源、同一基因的个体。从发展潜力和伦理的角度来看，克隆技术是现代科学中最受瞩目的领域。

昆虫中也有通过无性繁殖来繁衍后代的种类。除了那些分裂增殖的细菌或原生动物，像昆虫这样拥有复杂身体构造的动物同样能无性繁殖，这一点很有意思。

在有性别区分的生物中，只靠雌性就可以繁殖的称为单性繁殖。半翅目蚜总科的一种蚜虫（图38），就是卵胎生单性繁殖，产下携带相同基因的克隆体，这个克隆体就像俄罗斯套娃一样，雌虫体内早就存在许多后代，吸食植物汁水，然后疯狂增殖。等到了秋天，雄性蚜虫诞生后，雌性蚜虫与之交尾（有性繁殖）留下受精卵。来年春天卵孵化出来后，再次产生克隆体，继续新一轮的繁殖。

图38　蚕豆枝叶上的豌豆修尾蚜 © 小松

还有一些寄生蜂类是多胚寄生蜂，由一个卵子反复分裂增殖。多胚生殖是指单个卵子产生两个或更多胚胎的生殖方法（相当于人类的同卵多胞胎），只是二者分裂的次数不可同日而语。

跳小蜂科的多胚跳小蜂（图39）会在夜蛾科的蛾卵上产下

一颗小小的卵，这颗卵随着蛾子幼虫的成长开始多次分裂，孵化出的幼虫吃空蛾子幼虫的身体后，最终将蛾子幼虫体内的空间据为己有。

此外，寄生蜂会为了抢夺寄生幼虫发动战争，一只蜂在幼虫身上产卵时，有可能被其他蜂趁机杀掉。多胚跳小蜂的幼虫有些早熟，长着发达的大颚，用来攻击其他寄生蜂的幼虫。它们在还没长大的时候就要担起士兵的职责，往往还没有发育为成虫，就在战斗中死去了。

一个卵可以分裂为数千个个体，这足以令人震惊。自己的分身以不同的外观担负起不同的职责，生命真是不可思议。

图39　在中金弧夜蛾卵上产卵的多胚跳小蜂（左上）、中金弧夜蛾的幼虫（右上）、多胚跳小蜂的正常幼虫（繁殖幼虫）（左下）及担任士兵的蜂的幼虫（右下）© 岩渊

特洛伊木马

很多蜂类都具有有趣的繁殖形态。短柄泥蜂科的狩猎蜂捕获蚜虫，将其拖回蜂巢，在其身上产卵。短柄泥蜂科的幼虫以蚜虫为食，逐渐成长。

青蜂科（图40）会寄生在短柄泥蜂体内，不过它们采用的寄生方法特别有意思。首先，青蜂会在很多蚜虫身上产卵，带着卵的蚜虫被短柄泥蜂抓回巢后，孵化出来的青蜂幼虫便把短柄泥蜂巢里的幼虫吃掉。

布谷鸟这种鸟类也采用类似的方法，只不过布谷鸟是直接到寄主的巢里产卵。相比之下，昆虫的方式就显得有些迂回。而且不是大多数蚜虫都会被短柄泥蜂抓走，短柄泥蜂的幼虫也无法吃到植物上的蚜虫，所以青蜂这种间接寄生行为大多是无疾而终。

古希腊有特洛伊木马的神话传说。相传，在特洛伊战役中，希腊士兵藏在一具巨大的木马中潜入特洛伊城，一举获得胜利。在昆虫世界，蚜虫相当于那具木马，而青蜂的卵就相当于藏在木马里的士兵。

中彩票

寄生性昆虫中，还有很多采取迂回曲折的寄生方式。

条纹钩腹蜂（彩图第4页）寄生胡蜂的方式比青蜂还要迂回，

图40　在蚜虫身上产卵的青蜂 © 小松

命中率之低简直堪比中彩票。

　　首先，条纹钩腹蜂在植物上产下很多小小的卵，接下来，以这种叶子为食的毛虫会将叶子和卵一起吃进腹中，卵就在毛虫体内孵化。然后，胡蜂捕捉到这只毛虫，做成肉丸子带回巢穴喂给幼虫。只有运气好的条纹钩腹蜂幼虫能进入胡蜂体内，进而吃空它的身体，破皮而出。这样算来，条纹钩腹蜂的幼虫寄生到胡蜂体内的概率非常低，这种全凭运气的寄生方式也导致条纹钩腹蜂的数量越来越少。

大量的卵

　　像青蜂或条纹钩腹蜂这种随处产卵的寄生性昆虫，产卵量通常非常巨大。芫菁科短翅芫菁属的一种甲虫（图41）幼虫时代寄生在蜜蜂的巢穴里。土中的卵孵化成幼虫，爬到花上等待寄主的到来。短翅芫菁通常可以寄生在好几个种类的蜜蜂身上。运气好的幼虫在蜜蜂来采蜜时，依靠发达的爪子抓住蜜蜂，被带回巢穴，之后就不愁吃喝了。甲虫把蜜蜂产的卵都吃掉后，悠然地吃着蜜蜂采集的花粉慢慢长大。那些运气差没有找到寄主的幼虫，在花朵上消耗几日的生命后就死去了。而且花上除了蜜蜂还有很多其他的访客，不少幼虫被带到一些莫名其妙的地方，无法生存下来。

短翅芫菁幼虫时期的形态变化属于复变态。刚孵化出来的幼虫为了抓住蜜蜂，形态类似"三爪幼虫"，可以自由爬动。到达寄主巢穴后，就没有爬行的必要了，很快会变胖，变成蛆虫的形态。之后进入一动不动的"拟蛹"期，结成蛹。

复变态著名的例子还有花蚤科的甲虫、捻翅目、小头虻科

图41　雌性紫短翅芫菁 © 奥山

和蜂虻科的蝇类、前腹茧蜂亚科的蜂类以及螳蛉科的昆虫（与蚁蛉科一样，同属于脉翅目）等。这也许是寄生性昆虫适应生态的一种生存方法。

两种繁殖策略

生物孕育子嗣的数量背后有各种各样的意义。拿人类打个比方，纵观整个人类发展史，就是从儿童出生率和死亡率都很高的阶段，发展到出生率高、死亡率低的人口大爆发时期，然后向少子化和高龄化过渡。

在气候恶劣的生存环境下，偶然事件会左右生物的生存，采用多生的方法确保子嗣的存活率，称为"r选择理论"；而在有很多竞争者的情况下，孕育少量体形大的后代，以确保其存活率，这种方法被称作"K选择理论"。

大多数生物的子嗣数量都可以用这两种策略来解释，比如我们刚刚提到的寄生性昆虫采取典型的r选择理论。但是，也有一些例外，有的昆虫一次只产一颗卵，但它们绝不是K选择理论的执行者，接下来就讲一讲这些例外情况。

巨型卵

欧洲南部的洞穴里生活着一种球蕈甲（彩图第4页），体形很像葫芦，大多数球蕈甲只产数颗卵，有的甚至一次只产一颗巨大的卵。孵化出来的幼虫不吃任何东西,发育成蛹后变为成虫。

球蕈甲以散落在洞穴里的小动物残骸为食,但由于洞穴内生物的生存密度很低,食物匮乏,虽然有移动能力的成虫可以到处走动寻找食物,但是幼虫很难做到这一点。所以,只产一颗卵是能最大限度地确保幼虫获得养分的方法。

此外,缨甲科的甲虫也是一次只产几颗卵的代表。很多缨甲的体形特别小,最小的身长仅仅为0.4毫米,在昆虫中算是个头最小的。

其实昆虫体形再怎么小也是有限度的,目前发现的最小的昆虫是在啮虫目的卵上产卵的寄生蜂,雄蜂身长大约为0.139毫米,雌蜂也只有0.2毫米左右。

利用最小的甲虫所做的实验表明:算上神经和骨骼的重量,卵的大小限制了昆虫的体形。也就是说,卵的个头有相应的下限,即使成虫体形再小,也能产出一定大小的卵。

此外,与大型卵相对应的是,某种缨甲产出的精子比自己的身体还长,在交尾时传递给雌虫。

通常,动物的精子上长着一种叫"鞭毛"的丝状物,推进精子像蝌蚪一样游向卵子。但如果精子不需要游动的话,就不需要这种蝌蚪状的鞭毛,所以在其他种类的缨甲身上也发现了不带鞭毛的精子。

几维鸟现象

我最近发现了丽金龟科的新物种 *Termitotrox cupido*（图42），它生活在白蚁的巢穴中，身长仅为1毫米，可卵就占据身长的一半，它大概和缨甲一样，体形受到限制，不能过小。

图42　*Termitotrox cupido*（左）和它体内的卵（右侧灰色的圆）

生活在澳大利亚的粪金龟科的甲虫，雌虫也只产一颗卵，而且这颗卵的重量超过自身重量的一半。这种昆虫生活在食物匮乏的干燥大地上，这有助于让幼虫在不吃东西的情况下顺利成长。

虱蝇科（图43）寄生在鸟类或哺乳动物身上。扁平的体态有助于它们快速行走在动物的毛发间，靠吸食寄主的血生存。这种虱蝇在自己体内孵化幼虫，然后产出一只成熟的幼虫。幼虫在不吃任何东西的情况下发育成蛹，继而长成成虫。这种发

图 43　虱蝇的一种 © 小松

育模式也许是为了适应寄生生活，但与其他寄生性虱蝇一样具有幼虫期，所以其原因尚不明确。

综上所述，昆虫只产一颗卵，主要有以下三个理由：一是为了适应洞穴或沙漠等饵料贫瘠的生存环境，二是为了适应特殊的寄生环境，三是像缨甲那样受限于身体大小。

新西兰的国鸟几维鸟，雌鸟一年只会下一次蛋，每次产蛋一至两枚，但蛋的个头很大，所以我把昆虫的这种现象命名为"几维鸟现象"。

机能和形状

将昆虫特性融入工业制品中

生物的各种行动和形态都是有含义的，因为无意义的行为只会浪费能量，这样的生物也渐渐被环境淘汰了。也就是说，做出无谓行为的个体会死亡，只留下那些行为有意义的个体。

但生物个体中还是留存着对繁殖和生存没有帮助的形态。近几年来，有一种叫作"仿生"的新兴技术逐渐发展起来，就是将某些生物的特质应用到工业产品上去。生物灵活地飞翔、游泳、跳跃等基本性质，从力学角度来看，都蕴含着人类到今天为止也难以再现的精准力学。以人类现在的科技水平，甚至无法研制出能像苍蝇一样自由飞行的小型装置。

蝉或钟蟋（图44）这类身形小巧的昆虫能发出巨大的声音，各种昆虫都具有强大的攀爬能力，很多昆虫拥有不易弄脏的体表，这些本领和形态特征都值得我们人类学习。可以说，昆虫的重要性甚至超越鸟类和哺乳动物，我们应该重新思考昆虫多样性的意义。

图44　雄性钟蟋

图 45　耶屁步甲

炙热的屁

耶屁步甲（图 45）属于步甲科，身长两厘米左右，也叫"放屁虫"，因为它的屁很有威力。顺便提一句，放屁虫的日文名字又写作"三井寺"，源于三井寺圆满院门迹中的一幅鸟羽绘①"放屁大战"。

说起"放屁"，也许会让人觉得是一件可爱的事情，可这种虫子放的屁却不是那么回事。它放出的屁温度高达一百摄氏度，能够自由调节角度，射向任何方位的敌人。

我曾经用手感受过这种威力。伴随着"噗——"的一声，烟雾腾起，手指瞬间感到炙热难当，留下一股臭气和一块褐色的痕迹，如同烧伤的疤痕，之后甚至出现脱皮现象。对人来说，这个屁的威力都这么大，那些误食放屁虫的青蛙应该吃尽了苦头吧。

那么这种"屁"是怎么形成的呢？如果昆虫体内储存着一百摄氏度的气体，它自己也会被烧死吧。实际上，放屁虫的腹部有

①日本江户时代到明治时代，以日常生活为题材的水墨漫画。

一个储存着对苯二酚和过氧化氢这两种化学物质的囊，一旦感知到危险，这两种化学物质就流到腹部前端的一个小腔里，在那里与酶混合，发生反应，然后爆炸。在发生化学反应的过程中合成苯醌和水，那奇臭无比的味道就是苯醌的味道。

放屁虫能在合成复杂化学物质的瞬间，连续排出好几次气体，所以按压它的背部时，它会"噗——噗——"地连放好几个屁，让人忍不住一直捉弄它。这样做确实有点对不住放屁虫。

昆虫的身体虽然很小，却能干出一番大事。特别是像放屁虫这样，能在身体内部连续酝酿几次巨大的爆炸，这种技术着实值得我们人类在研发产品时加以利用。

"钓鱼灯"

萤火虫发光的秘密，大家一定都很好奇吧。

实际上，其中还有很多未解之谜，但总的说来，是两种称作"荧光素"和"荧光素酶"的物质在萤火虫体内发生的化学反应。二者发生反应时产生的化学能量可以转换为光能，成为我们看到的一闪一闪的光亮，而且这种能源效率很高。

发光昆虫的代表性例子还有生活在澳大利亚和新西兰的扁角菌蚊的幼虫，以及一种生活在南美的叫作叩甲的甲虫。萤火虫发光是为了引诱异性，而虫子通常都有趋光性，所以有些发光性昆虫会利用这个特征来捕食，我称之为"钓鱼灯"。

扁角菌蚊幼虫阶段能在洞顶或崖壁上垂挂带有黏液的丝，并依靠独特的荧光诱惑其他昆虫前来，用垂丝上的黏液将其捕食。日本也有一种角菌蚊科的发光性昆虫，不过这种幼虫的光有什么用途，目前还不清楚。

话说回来，昆虫学家已经研究出一部分种类的发光叩甲幼虫的生态，有一种生活在白蚁巢内的叩甲幼虫会从蚁巢里探出头来，利用光捕食那些循光而来的白蚁的繁殖蚁等。叩甲的成虫（图46）也会放光，比萤火虫要明亮许多。在南美，丛林里走夜路的人会把叩甲的成虫绑在脚上引路。

图 46　一种光叩甲 *Pyrophorus* sp.（秘鲁）© 小松

然而叩甲成虫发光的原因和具体的繁殖过程还不清楚。也许和某些萤火虫一样，这种光亮带有警戒色的意味。

最奇特的昆虫

生物的形态背后都有其意义所在，然而也有一些形态奇特、让人不明所以的昆虫。

最典型的例子当属角蝉（彩图第6页）了。它们体长二至二十毫米，属于半翅目，虽然名字中也带有一个"蝉"字，但只是和蝉隶属同一目的远亲。目前世界上已知的角蝉种类有三千种左右，形态非常奇异，成为独树一帜的一科。尤其是生活在南美的角蝉形状更是奇怪，让人不禁质疑"长成这样到底有什么意义呢"。

角蝉的"角"是昆虫"前胸背板"的凸起部分，不同种类的角蝉，角的式样也有所不同。比如说，*Bocydium globulare* 的角是前胸背板上的一根凸起，顶端像旧式的天线一样散开，呈现出复杂的分支。*Cladonota luctuosa* 有前后两条弯曲的角，都是胸部的延伸，仿佛画了一个圆圈。*Phyllotropis fusciata* 呈半圆状，两边很薄，角的形状非常奇怪。还有 *Heteronotus horridus*，它利用变形的角伪装出蜂的外形。这种角的作用明显是拟态成蜂类，那其他种类的角蝉的角又有什么意义呢？

有人说是感觉器官，可这是一般昆虫的共同特征，不足以解释那些奇形怪状的角的意义。还有人用"直向演化"现象来解释，也就是朝一个预定的直线方向进行毫无意义的演化，但这个想法太反常了，已被现代科学否定。

说一说我个人的推测，单就某一种生物而言，我相信它各种各样的形态背后一定有各自的意义存在。以我在南美考察的经验来看，这些角起码起到让鸟类等捕食者难以吞咽的作用，而且热带蚂蚁众多，形态多样，所以对厌恶蚂蚁的捕食者来说，这些角也有模拟蚂蚁的效果。实际上，有些昆虫学家还观察到蜥蜴难以咽下一些带刺的角蝉。*Cladonota luctuosa* 模拟成枯叶或其他植物的样子。*Phyllotropis fusciata* 大概为了宣告自身有毒，竖起像旗帜一样的角。另外，*Oeda inflata* 可以拟态昆虫褪下来的皮，而 *Notocera* sp. 则可以完美拟态被真菌感染的昆虫尸体的形态。此外，*Anchistrotus discontinuus* 的角可以轻易断掉，其作用类似蜥蜴断尾自救。

前胸背板的秘密

即便南美角蝉的角拥有某些功能，也无法说明它们为何能演化出如此丰富多彩的形态。如果这种形态是环境"需要"的话，那么在其他昆虫身上（以及在其他地域）也应该有所体现才对。

生物有一个很常见的现象叫作"趋同进化"。简而言之，即在两个不同的地域，为了适应相似的环境，不同的物种有可能产生功能相同或十分相似的形态结构。比如说，澳大利亚在远古时代是一块孤立的大陆，幸存着一类"有袋类"的古老哺乳动物。澳大利亚与外界隔离后，演化出体型从大到小的肉食性或草食性哺乳类动物（袋狼、蜜袋鼯、袋食蚁兽、南袋鼹等）。而与此同时，生活在其他地域（非洲、新西兰、南北美洲）的胎生哺乳动物，也独自演化出拥有相似形态和生态的哺乳类动物（如鼯鼠、食蚁兽、鼹鼠等）。这是由于澳大利亚与其他地区有共同的自然环境，比如森林和草原，才会各自演化出多样且相似的哺乳类动物。

这种现象叫"趋同进化"，而南美的角蝉与其他昆虫（或是其他地域的角蝉）之间没有发生"趋同进化"的现象，非常不可思议。究其原因，应该是其他地区的昆虫所处的自然环境，不需要它们像奇特的角蝉那样演化得如此丰富多样。

进化是在反反复复的突然变异和自然选择的过程中产生的，至于角蝉，我认为它的前胸背板中含有容易突然变异的基因。

解答生物多样性的产生是一个重要的生物学课题，如果以角蝉作为研究对象，一定能了解到很多有趣的东西。

旅行

大航海

陆地生态系统中的昆虫具有非常丰富的多样性，但能进入海中生活的却少之又少，适应海洋生活环境的昆虫简直屈指可数。

在靠近海岸的水面上，世界各大洋中都广泛生存着一种昆虫，就是半翅目水黾科的海黾（图47）。

图47　海黾（它们的脚非常长）© 小松

漂浮在河川、水塘中的水黾和生活在海上的海黾有些不一样。大多数海黾具有沿岸性，喜欢生活在离岸边不远的地方，而另一些种类具有远洋性，以大海为生。海面对昆虫来说是非常严峻的生活环境，但海黾已经针对这种环境进行了相应的进化。比如说，海黾会选择在浮木等漂浮物上产卵。即使在狂风暴雨中，它体表的细小绒毛依然可以储存空气，让它在海水中也能暂时呼吸。而且，在没有遮挡物的环境下，为了防止紫外线的伤害，海黾体表还具有吸收紫外线的构造。

我们很少有机会见到海黾，不过日本冬天的强风会把很多海黾吹到海岸边，但它们已经无法自由行走，不能适应陆地环境，再加上低温的影响，很快就会死去。

海龟拥有生活在辽阔海面的特殊能力，一旦上岸反而变得无能为力，听起来真有点悲伤。

空中之旅

生活在日本的大绢斑蝶（图48），一到秋天就会从日本本土向西南诸岛或者中国台湾迁徙；初夏来临，又会逆行北上。它们飞翔的距离有时长达数千公里，而关于这种行为的意义还没有明确解释。

图48　正在吸食藿香蓟的大绢斑蝶 © 小松

君主斑蝶与大绢斑蝶同属蛱蝶科的斑蝶亚科，它们在加利福尼亚或墨西哥过冬，春天北上产卵繁殖，完成世代交替，到了秋天再一起南下，飞到原来的地方过冬。君主斑蝶一般会挤在狭窄的地方过冬，比如说垂挂在树枝上，看起来就像一串串果实。

这种大规模的迁徙大概是为了避免吃光幼虫的食物，但目前对此还没有一个明确的解释。

说起生物的移动，最典型的就是候鸟的迁徙，每只候鸟都要进行一场远距离的飞行。而这些蝴蝶在迁徙途中却经历了世代更迭，由最后一代南下越冬。这种跨越世代的迁徙与鸟类又有所不同。

日本弄蝶科的稻弄蝶也会进行远距离迁徙，不过具体的迁徙路径还不太清楚。

其他已知的会长距离迁徙的蝴蝶、蛾或蜻蜓，大多是为了扩展自己的生存范围，增加栖息地域，气候也是昆虫迁徙的一个重要因素。伴随着地球变暖，日本有很多昆虫都会北上，寻找更合适的生存环境。每年有不少记录表明，还有很多菲律宾等地的蛾或蝴蝶被台风吹到日本。

水稻的大敌——半翅目的飞虱（图49），每年会随着高速气流带从越南和中国飞来日本。我在泰国和缅甸看到许多浮尘子不像是乘着风移动，而是自发迁移的样子。

此外，蓑蛾科的幼虫会吐丝做一个蓑衣状的东西，借助风

图49　灰飞虱 © 长岛

力飞行。这和蒲公英的种子靠绒毛飘飞是一个道理。海龟也是如此。想到小小昆虫也在环游世界，如同我们人类实现遨游太空的梦想一样，实在是了不起。

时间之旅

有一种摇蚊科的蚊子并不吸食人血，它的幼虫可以做鱼饵，也就是大家熟知的"鱼虫"。

生活在非洲干旱大地的范氏摇蚊，是一种拥有惊世骇俗的能力的昆虫。在旱季，水池干涸，其幼虫体内的含水量如果降到3%，就会进入零代谢的休眠状态，但只要遇到水，这种"干尸"就会"复活"。研究发现，在人工环境下，连续十七年处于干燥状态的范氏摇蚊，一遇到水也能再次复活，真是能穿越时空旅行的昆虫啊。

而且这种幼虫有极强的耐热性和耐冷性，在一百零三摄氏度下可以存活一分钟，零下二百七十度下可以存活五分钟，另外还能承受无水乙醇，在放射线下也安然无恙。

为什么会这样呢？因为幼虫在休眠的时候，体内充满海藻糖而非水分，可以保护活体成分。一旦水洼里的水干涸，环境变得越来越恶劣，它们体内就开始储存海藻糖。

据说最近进行了一项实验，把休眠中的摇蚊幼虫带到了宇宙空间站，进行复活实验。这样一来，摇蚊也是经历过宇宙之旅的昆虫了。

居家

住房和衣服

人类在褪去大部分体毛后，通过住在山洞里或者穿衣服等方式来应对气候的变化。现在，住房和衣服已成为支撑人类生命的"身体的一部分"。虽说这是人类固有的现象，但其实很多昆虫也有家可住、有衣可穿。

比如，我们熟知的蓑蛾（图50）就会在枯枝或落叶中建造蓑囊。这个蓑囊可以当作房子，也可以发挥衣服的作用。毛翅目昆虫石蛾的幼虫，也会利用水中的小石块或小树枝建窝。叶甲科的甲虫幼虫会用自己的粪便做一个容器，然后像寄居蟹那样背在背上。

这样的住所既可以保护

图50 蓑蛾建造的蓑囊和从里面羽化而出的雄性成虫 © 小松

柔软的身体免受天敌的袭击或物理性撞击，也可以作为"障眼法"，躲避天敌的追捕。

这些昆虫的幼虫和人类一样，体毛稀少，像蓑蛾的祖先原本就生活在一些缝隙中，在那里用丝拼接树叶建巢，之后慢慢演变为可移动的蓑囊，与此同时，体毛也在进化中渐渐减少。

此外，蛱蝶科的蝴蝶或是卷蛾的幼虫会卷树叶做巢，白天躲在里面，晚上把它吃掉（图51）。

图51　大红蛱蝶的幼虫用苎麻叶子卷的巢（左）和里面的幼虫（右）

卷象科的雌性甲虫在叶子上产卵后，把卵包裹在叶里，孵化出来的幼虫靠吃树叶生长发育。这个叶卷就有一种"摇篮"的意义。顺便说一句，象甲虫的日语还有"匿名信"的意思，是因为卷起的叶子形似书信。

但不论是怎样的"房屋"，最后都会被这些昆虫吃掉。

说到长毛的昆虫，人们会首先想到蛾的幼虫毛毛虫，其实它们的毛也是防御天敌的一种手段。研究人员用喜食毛毛虫或青虫的步甲科的大星步甲（图52）做了一个实验，发现面对一身浓毛的奇特望灯蛾的幼虫时，大星步甲的大颚难以靠近，不能立即得逞。假如把毛毛虫的毛剃掉，大星步甲就能很顺利地捕食它了。

图52　咬着奇特望灯蛾幼虫的大星步甲 © 杉浦

埋伏

黄足蚁蛉的幼虫叫作"蚁狮"（图53），会在干燥的沙地中挖一个漏斗状的洞穴，然后潜伏在穴底，待小昆虫坠入洞中，便立即往上扬沙，让猎物在洞里越陷越深。

还有虎甲科的幼虫（图54），会在地面上垂直向下挖一个洞，然后用圆盘状的头部堵住洞口。它们头部的长毛是感觉器官，一旦触到猎物，会立刻探出头来将其捕获，拖回洞里。因为这

图53 黄足蚁蛉的幼虫"蚁狮"的巢穴（左）和巢穴主人（右）© 林

种巢穴只能"守株待兔"，捕获猎物的几率比较低，所以埋伏在巢穴里的幼虫一般都有很强的耐饿性。据说黄足蚁蛉的幼虫可以忍饥挨饿几个月。

图54 坑道里的虎甲幼虫（左）及成虫（右）

黄足蚁蛉的幼虫还有一个有趣的地方，就是基本不排便，粪便都储存在消化管道里，以便在饥饿的时候化为养分。等到羽化成虫之日，会拉出一大团粪便后飞走。

粪便摇篮

在自然界，哺乳类动物的粪便也是一部分昆虫的重要食物来源。其中最著名的要算蜣螂科的蜣螂，俗称"圣甲虫"或"屎壳郎"（图55）。

蜣螂会被草食哺乳动物粪便的味道吸引，将粪滚成圆球推走，这一形象与埃及神话中太阳神的寓意相符，因此在古埃及，蜣螂也被推崇为神圣的甲虫，即圣甲虫。

雄蜣螂滚着粪球，在遇到雌虫后与它一起将粪球埋在地下，在上面建造"房屋"，然后为埋在地下的粪球裹一层黏土，做成梨状，在上面产卵。这相当于用粪球做了个摇篮。从里面孵化出来的幼虫一出生就享用着粪球慢慢长大，不可思议的是，粪便本是动物经过消化系统吸收养分后排出的残渣，对蜣螂宝宝来说却变成了营养丰富的大餐。幼虫会在粪球里化为蛹，而蛹的大小刚好和幼虫吃掉的粪球的体积差不多，这说明幼虫吃掉的粪球大部分转化成了构成身体的蛋白质。实际上，幼虫肠道内有各种微生物，可以将粪便分解并转化成养分。这些肠道内的微生物是在虫卵时期从母体身上获得的。

以粪便为食的蜣螂有很多种类，统称"屎壳郎"。种类不同，繁殖方法也不一样。有的直接潜入粪便里面产卵，有的在粪便下方挖一条坑道，在下面把粪便做成丸状后产卵，有的在坑道里把粪便堆成长条状再产卵（图55）。

图55　蜣螂 *Scarabaeus sacer*（左，朝鲜）；在粪球下挖洞、做粪丸产卵的臭蜣螂 *Copris ochus*（右上，印度）；一种在粪堆下掘坑道，把粪便堆成条状产卵的嗡蜣螂 *Proagoderus nubra*（右下，喀麦隆）

而且，屎壳郎对粪便的喜好也各不相同。有些喜欢食草动物的粪便，有些喜欢食肉动物的粪便，有些则不喜欢粪便，喜欢动物的尸体，还有些不愿以粪便为生的"屎壳郎"会袭击马陆等多足纲动物。

蜣螂是自然界重要的清道夫，如果没有它们，森林和草原会到处堆满各种各样的粪便。

实际上，澳大利亚最初引进家畜的时候，本地并没有可以处理粪便的蜣螂，结果引发了诸多问题。从其他国家引入蜣螂后，问题才得以解决。

纸屋

之前介绍过狩猎蜂的幼虫，它们生活在母亲建造的巢穴里。而具备更高等社会性的胡蜂、蜜蜂和蚂蚁，也会为幼虫营造巢穴，提供一个安全又封闭的环境。

这些蜂类是从寄生在其他昆虫体内的寄生蜂进化而来。寄生的幼虫不需要体毛，随着体毛的减少，脚也渐渐消失。

生物的进化是持续向前发展的，失去的体征不会再进化回来。体毛和脚这些体征也伴随寄生性的消失而永远消失了。于是，为了让幼虫抵御外敌和气候变化，幼虫的母亲建造了巢穴，这种建巢习性也促使蜂类朝共同建立大规模巢穴的社会性发展。胡蜂、马蜂和蜜蜂建造的那种大型蜂巢最具代表性，由一个个规则的六角形小"蜂房"排列组成，这对于圆乎乎的幼虫来说是非常舒适的生活环境（图56）。

关于蜂房的形状，如果是三角形或正方形，边角的部分无法有效利用起来，而五角形或七角形又很难规则排列，所以六角形是最合理的形状。

图 56　铃腹胡蜂 *Ropalidia* sp. 和它的
蜂巢（马来西亚）

马蜂、胡蜂制作蜂巢的材质像纸一样轻盈，建造出的空间非常稳固。实际上，这种材质是它们将植物纤维嚼碎，用唾液黏合而成的，和造纸是一个道理。因此，马蜂也被称为"纸蜂"。有一种在树上建巢的胡蜂，会在蜂房外面加上一层"外皮"来抵御风雨，给幼虫双重保护。

蜜蜂的蜂房除了养育幼虫，还有存储花蜜的作用。筑造蜜蜂蜂房的材料不是纸，而是工蜂腹部蜡腺分泌的叫"蜂蜡"的蜡状物质。

有空调房的自然建筑物

说起昆虫的巢穴，不得不提到白蚁（图57）。特别是生活在非洲或澳大利亚的很多白蚁，会建造几米高的"蚁冢"。

世界上已知的白蚁有三千多种，建巢的能力也在这庞大的系统中得到进化。由于白蚁生活的地方大多是干燥之地，

图 57　大白蚁亚科的一种炭黑大白蚁
Macrotermes carbonarius 的巢穴（箭
头指向部分）（马来西亚）© 小松

为了对抗这种环境，它们在筑巢的时候也是下足了功夫。具体来说，巢内有完备的"空调系统"，厚厚的土墙内壁布满血管一样的坑道，到处都有烟囱状的小洞，这种构造有助于维持巢内的温度和散热，在白天炎热、夜晚寒冷的干燥地带的生活才不至于太辛苦。

如此大型的巢穴是白蚁家族经年累月用唾液建造而成的。白蚁也属于社会性昆虫，蚁后负责产卵，工蚁负责建巢和抚育幼蚁。蚁后的寿命可长达三十余年，这在昆虫界算是相当长寿了，而且蚁后的寿命就是巢穴的寿命，所以才能在如此长久的时间里建造出复杂而巨大的巢穴。

顺便提一句，白蚁其实是蟑螂的同类。研究者认为在蟑螂的进化过程中，那些以朽木为食的蟑螂进化成了白蚁。而白蚁只是蚂蚁的远亲而已，所以把白蚁的巢称为"蚁冢"也算是生

图 58　草地蚁 *Formica pratensis* 的巢穴（箭头所指）和笔者（斯洛伐克）

物学上的一个误称。

真正的蚁冢

　　生活在北半球寒冷地区的蚁属草地蚁（而非白蚁）建造了"真正的蚁冢"（图 58）。在日本本州的山麓或北海道也能看到这种小规模的蚁冢。

　　这种巢穴主要由针叶树的落叶做成，外部呈小山丘状，欧洲蚁种建造的巨大蚁冢直径和高度可达数米，内部非常温暖，即使外界温度在二十摄氏度以下，里面仍能保持在三十多度。草地蚁虽然喜欢生活在寒冷区域，但幼虫孵化需要比较高的温度，所以它们建起了十分舒适的蚁冢。

　　至于蚁冢为什么能保持这样的温度，目前还没有明确解释。也许是晴天蚁冢表面吸收了大量太阳的热能，而且内部生活的草地蚁密度很高，从而保证了温度；也许是蚁冢由枯枝落叶建造而成，树叶经过发酵产生了热量。

草地蚁是肉食性昆虫，以害虫为食，所以在驱除森林害虫、维持生态平衡方面起了很大作用，在欧洲被列为保护对象。

受地球变暖的影响，建造巢穴的草地蚁在日本各地已濒临灭绝。虽然它有利于森林生态，不过遗憾的是，目前还没有人研究它们的现状。

第三章

社会生活

经营社会生活的昆虫们

人类社会的缩影

有很多昆虫过着社会性的生活，广为人知的有为我们提供蜂蜜的蜜蜂，以及每年秋天频频刺伤人而引发关注的胡蜂。实际上，与蜂类同为膜翅目的蚂蚁，还有之前提到的白蚁、蚜虫、缨翅目的昆虫都是具有社会属性的昆虫。从这些昆虫身上，我们可以看到一些人类社会的基本原理，如同社会的缩影。

那么人类以外的生物的社会性又是怎样的呢？简单来说，大概是许多个体生活在一起。但这只是条件之一，最重要的条件应该是"阶级制度"。比如，蜜蜂或胡蜂群体就分为产卵的蜂后和不产卵的工蜂，专门负责繁殖的蜂后阶级和不进行繁殖的工蜂阶级生活在一起，我们称之为"真社会性"。

构建"真社会性"的昆虫都具有血缘关系，就像一个"大家族"，从构造和意义上来看，这与建立在伙伴关系上的人类社会有本质区别。但就像之前所说的，一定要将蜜蜂这类昆虫的行动、生活、种族关系与人类社会对比研究，才能更清楚地了解昆虫的社会性生活。

另外，社会性昆虫的特征是在社会性的背景下，建立高等生活模式，以便在地球上大量繁衍生息。在热带雨林，仅蚂蚁的生物量就大大超越所有脊椎动物生物量的总和。虽然蚂蚁大多是植食性的，但从生物量的优越性和驱赶其他生物的排他性来看，可以说蚂蚁作为一个整体，居于热带雨林生态系统的顶端。

而且，同样拥有巨大生物量的白蚁，在分解木本植物遗体方面发挥着举足轻重的作用。如果热带雨林中没有白蚁，倒木和落叶无法被其他昆虫、小动物和菌类分解完毕，会很快掩埋森林，许多植物也可能会灭绝。

养育后代

还有一种亚社会性昆虫，它们没有像真社会性昆虫那样的阶级，但母虫也有护卵和饲喂幼虫的行为。其中最有名的当属负葬甲属的甲虫。葬甲虫也叫"埋葬虫"，日语中的同音词也写作"死出虫"。此类昆虫有种怪癖，就是专门吃动物的尸体。

埋葬虫的成虫会被老鼠这类小动物的死尸散发的腐臭味吸引，雌虫与雄虫一起不停地挖掘尸体下面的土壤，最后自然而然地把尸体埋葬在地下，由此得名"埋葬虫"。

动物的尸体其实也是富含营养的食物来源，竞争者众多，比如苍蝇的幼虫（蛆）或其他甲虫，特别是苍蝇会在尸体上产卵，孵化出来的蛆虫会很快将尸体吃个精光。所以埋葬虫掩埋尸体的目的也是为了隐藏尸体，不让竞争者发现。把尸体掩埋到地下后，埋葬虫会把它加工成一个光滑的肉丸子，这样即使有苍蝇在上面产卵，也方便除掉，防止滋生霉菌。埋葬虫在丸子上产卵，然后啃下丸子，就像鸟儿喂食幼鸟那样，嘴对嘴喂给幼虫吃。

　　土蝽科的日本朱土蝽（图59）是专门以青皮木的果实为食的珍稀椿象。它们在地面上养育后代，会出来四处寻觅和收集掉在地上的果实，再带回巢中，定期给幼虫补给饲料。

　　日本常绿阔叶林中除了朱土蝽，还生活着其他具有饲喂幼虫特性的土蝽科昆虫。此外，还有守护自己的卵和幼虫的同蝽科昆虫（图60）、把卵背在背上的日拟负蝽科的水生椿象（图

图59　日本朱土蝽 © 长岛

61）、在石头下产卵的革翅目类，以及饲喂幼虫菌类的小蠹科甲虫（也有真社会性的种类）等。我们可以观察这类昆虫的各个阶段和形态，来了解亚社会性。

图60　在保护刚出生的幼虫的雌性匙同蝽 © 小松

图61　背着卵的雄性日拟负蝽 © 长岛

　　而且观察负葬甲或土蝽等昆虫的行为，对研究社会性昆虫的育儿状态也有很大的帮助。我们经常使用"母爱"和"亲情"等词来形容这种行为，这可能是人们一厢情愿的观点，因为在生物学上，这些行为的本质不过是为了让自己的基因更顺利地繁衍下去。而在人类眼中，昆虫的育儿行为却被冠以爱的名义。这种说法也许有些冷血，但人类所谓的"爱"不也是为了更好地延续自己的基因吗？

狩猎采集的生活

有组织的狩猎行为

生物摄取食物的方式通常不外乎采集或狩猎。社会性昆虫也不例外，但它们会灵活运用自己的社会性特征，成立组织进行采集或狩猎。

提到狩猎行为，最有代表性的昆虫是行军蚁。以前有一部电影《蚂蚁雄兵》，描绘的就是行军蚁袭击并噬食人类的故事，非常可怕。

行军蚁包括三类蚂蚁，除了南美洲的行军蚁亚科（亚科指次于一个科级的分类），还包括分别栖息在非洲、东南亚热带地区的矛蚁亚科和双节行军蚁亚科。它们没有固定的住所，以集团形式进行狩猎行动，蚁后的明显特征是腹部膨大。

袭击蚂蚁的蚂蚁

双节行军蚁属的蚂蚁专门袭击其他蚂蚁（图62）。从蚂蚁类的生态系统来看，它恐怕处在顶端，有种君临天下的感觉。基本上每种双节行军蚁都会袭击其他蚂蚁，东南亚分布着五十多种这类蚂蚁，结果导致其他蚂蚁被大规模捕食。

热带森林由各种"微环境"构成。微环境是指非常微观的特殊生态环境。以蚂蚁的各种生息场所为例，落叶、腐烂的果实、

图62　正在搬运猎物的齿突双节行军蚁
Aenictus dentatus（马来西亚）© 小松

树洞、树上或地下等，这些微环境中都生活着不同种类的蚂蚁，每种微环境都在生态中担任着重要的职责。

比如马来西亚的热带雨林，仅仅数百平方米的范围内就能发现近五百种蚂蚁。而在日本，从北海道到冲绳也只生活着三百多种蚂蚁。这样一对比，便可以想象热带雨林的生态环境拥有多么丰富的多样性。

双节行军蚁会把自己巢穴范围内的蚂蚁一扫而光。虽然它们的身长只有五毫米左右，但数以万计的工蚁可以组成一支攻击力极强的军队，像洪水般涌入其他蚂蚁的巢穴，用毒针将抵抗者刺死，夺取对方的幼虫和蛹作为自己幼虫的食物。

所以生活在双节行军蚁周边区域的蚂蚁，天生对它们闻风丧胆，一旦发觉双节行军蚁来袭，就迅速带着幼虫逃跑。经过扫荡后，运气好的蚂蚁巢穴能幸免于难，但通常都是被一举歼灭，荡然无存。

在野外观察如此惨烈的狩猎情景，如同目睹从前的武装暴徒扫荡村落。

但双节行军蚁的扫荡有生态意义。消灭了原来生存在这里的蚂蚁，有助于其他种属的蚂蚁以后在这里筑巢生活，在生态上可以抑制少数强大的种类长期霸占一个区域，从而维持热带地区蚂蚁的多样性。

黑色绒毯

我曾去非洲喀麦隆的克鲁普国家公园进行考察，那里有世界上最古老的热带雨林。当时我正走在郁郁葱葱的公园里，一棵参天大树忽然映入眼帘，定睛一看，从地面到树干密密麻麻地布满了蚂蚁，仿佛铺开了一条黑色的毯子。这就是矛蚁亚科的地毯式攻击（图63）。

通常情况下，蚂蚁会排成一列出外捕食。但是矛蚁和接下

图63　矛蚁的一种 *Dorylus* sp. 的队列（喀麦隆）

来要讲的行军蚁会排成前方呈扇形散开的队列，进行地毯式攻击，这是它们高效的狩猎方式。

人类在战争中使用这项战术，是要袭击敌国的城市，让敌军无处逃身，从而一举歼灭。而矛蚁亚科采用这种攻击方式，也是为了让对手失去藏身之所，然后将其全部俘获，带回巢中作为幼虫的食物。如果蝈蝈、蜥蜴或青蛙等恰好爬到了被蚂蚁覆盖的树木上，就会瞬间被数以千计的蚂蚁淹没并分解。这时的树木仿佛变成了哀号遍野的恐怖之地。虽然绝大多数矛蚁并没有毒针，但它们拥有针一样尖锐的大颚和强大的咬合力，人被叮咬后也会立刻出血。那天同行的当地导游穿着草鞋，脚部多处受伤。

庆幸的是蚂蚁不能像我们人类一样迅速移动，我们即使被咬了，也可以逃掉。所以现实中并不存在《蚂蚁雄兵》中那种蚂蚁不断袭击人类的场景，但还是有蛇被蚂蚁咬死的传闻，要是婴儿或行动不便的人被咬了，恐怕撑不了多久。

趁火打劫的家伙

从北美南部到南美一带，生活着众多行军蚁亚科。行军蚁属中的一员——布氏游蚁（图64），也会像矛蚁一样采用地毯式攻击法。

行军蚁的猎物只限于昆虫和蜘蛛等。电影《蚂蚁雄兵》中

图64　布氏游蚁 *Eciton burchelii* 的兵蚁队列（秘鲁）© 小松

的行军蚁有一厘米长的大颚，让人望而生畏，实际上被咬了并没有那么疼，威力也不像矛蚁那样大。这种蚂蚁在郊外的田间随处可见，当地人常常利用它们对付家中的蟑螂等害虫。在这种蚂蚁实施地毯式袭击的时候，有一种昆虫会在一旁默默观察，伺机出动，它们是寄蝇科的一种蝇（图65）。

　　许多寄生蝇科的蝇类会在其他昆虫身上产卵，孵化出来的

图65　寄生蝇科的一种 *Calodexia* sp. 正试图在被布氏游蚁追逐的蟑螂身上产卵（秘鲁）© 小松

幼虫（蛆）就从内部开始把昆虫吃空。所以这种寄生蝇会在行军蚁发动攻击的时候静静躲在一边等待，一旦发现逃窜出来的蝈蝈或蟑螂，就立刻在它们身上产卵。如同刚发生过火灾又遭了小偷，好容易死里逃生的虫子却被寄生蝇趁火打劫。

这类行军蚁发动攻击时的共生者除了昆虫，还有一种统称为蚁鸟的鸟类（图66）。它们会在一边伺机捕食被追杀的昆虫。

图66　雌性白喉蚁鸟 *Gymnopithys salvini*
（秘鲁）© 小松

行军蚁和之前提到的矛蚁、双节行军蚁都有很多的共生者，比如在蚂蚁体表寄生的蜱螨、混杂在蚁群中共同生活的各类甲虫等，对于它们来说，蚂蚁巢穴如同天堂。布氏游蚁就养活了数百种食客，由于工蚁数量巨大，光是它们吃剩的食物就足以养活这些食客了。后文中还会详细讲述这些蚂蚁的共生者。

米饭党

虽说蚂蚁中肉食性的居多，但还有一部分是植食性的，接下来我们要讲的就是一种以菌类为食的蚂蚁。其中非常著名的是针毛收获蚁（图67）。日本也生活着这种蚂蚁，以收集植物的种子为食，俗称"米饭党"。

图67　正在运送大颗种子的针毛收获蚁 ©岛田

这种蚂蚁的活跃期是硕果累累的秋天，气温微凉的时候，它们会出来收集散落在地上的种子，带回巢穴过冬，到了春天再次出洞拾种子。有趣的是，针毛收获蚁不是在一般昆虫活跃的夏季前后，而是在短暂的晚秋和早春时节出去收集种子。更有趣的是为了防止种子发芽，它们会进行温度管理，把种子储藏在不受雨水影响的地底深处，保证种子处在温度和湿度相对稳定的环境下。

还有一些种类的蚂蚁也以种子为主要食物。谷物含有丰富的碳水化合物，又方便储存，也是人类的主要食物之一。但是早在人类之前，蚂蚁就发现了谷物的营养价值与适合保存的特性。

农业

蘑菇栽培者

　　农业是支撑人类社会发展的不可或缺的第一产业。依赖狩猎和采集不能确保固定的食物来源，而农业可以解决这个问题，为生活提供稳定的食物来源。人类的农业化进程迄今不过一万年左右，虽然这在人类历史上算是很长的时间，但与生物相比并不算什么，大约在八千万年前，昆虫就已经开展农业生产活动了。

　　从事农业生产的代表性昆虫有培育蘑菇的大白蚁亚科的白蚁（图68）和阿塔切叶蚁（图69）。

　　大白蚁亚科生活在非洲和亚洲一带，日本的种群则栖息在八重山诸岛（西表岛和石垣岛）上，另外在中南美洲也有分布。即是说，不同的区域独立进化出了培育蘑菇的社会性昆虫。

　　大白蚁亚科的白蚁以枯木和枯叶为食，会在自己的粪便上培植菌类，制作出叫"菌园"的农田，通过吃掉这些菌类，获得无法从枯木中获取的蛋白质。也就是说，这类蚂蚁在吃自己种的真菌。

　　切叶蚁则是在树上把叶子切成小片带回蚁穴里发酵，然后

图68 菌园上的暗黄大白蚁 *Macrotermes gilvus* 的工蚁（马来西亚）

图69 搬运切好的叶片的阿塔切叶蚁 *Atta sexdens*（秘鲁）© 岛田

啃食在蚁穴里长出来的菌类（图70）。培育出来的富含营养的菌类大部分用作幼虫的食物，也有一部分被工蚁吃掉。它们是切叶蚁的重要营养来源，可以补充平时食用的植物枝叶中缺失的养分。

切叶蚁的名字源自其切割树叶的习性，几万只工蚁一起搬运切好的叶片的景象尤为壮观。包括农作物在内的大部分植物都是切叶蚁的食物，所以它们是中南美洲地区的主要害虫。

图 70　一种阿塔 切叶 蚁 *Atta sexdens* 的新鲜菌园（秘鲁）© 岛田

最尖端的培植技术

上面所说的一系列方法与人类培植蘑菇的方法极为相似。比如说我们吃的香菇，就是将柞树或枹树的木材作为培养基，利用育有菌丝的木屑培养而成。平菇或舞菇也是在木屑上种植菌丝培育出的。

然而，人类吃掉的是培植出来的子实体部分，相当于植物的花，也称为"蘑菇"。而农业的先祖——种植蘑菇的白蚁和切叶蚁则与人类不同，它们吃掉的不是子实体，而是菌丝。或许是为了方便蚂蚁食用，与它们有共生关系的菌类，部分菌丝甚至会长成圆球状。

这种培植方法还有值得赞叹之处。由于菌园在地下，土中充满杂菌，菌类会迅速被霉菌或细菌等其他杂菌破坏。针对这一点，切叶蚁胸部附有一种特殊的共生细菌，能分泌抑制其他微生物生长的抗生物质。而且这种抗生物质不会影响共生菌的生长，可以达到良好的培植效果。

这个方法的原理类似于在撒满除草剂的地方栽培出对除草剂产生抗体的转基因农作物。其实昆虫不仅比人类更早开展农业活动，还早早发明了各种有效的对策。

此外，切叶蚁会观察菌类的情况，如果带回来的叶子不适合菌类的生长，下次就不会再带这种叶子回来了。它们还会为了改善培植环境，将枯叶扔掉，换上新鲜的叶子。

当然，切叶蚁的种类不同，其培植方法也有各种差别。有的切叶蚁收集树叶，有的收集蚯蚓的粪便（图71），还有的专门收集枯叶（图72）。

针对切叶蚁不同的栽培方式，菌类有不同的应对方式，因此在切叶蚁与菌类之间形成了各种各样的对应关系。我们把这种互相对应的进化称为"共进化"。切叶蚁与菌类一边维持着共生关系，一边共同进化。

图71　在昆虫粪便上种植菌类的一种 *Cyphomyrmex* sp.（秘鲁）© 岛田

图72　顶切叶蚁属的一种 *Acromyrmex* sp. 的初期巢穴（秘鲁）© 岛田

一脉相传

　　蚂蚁的巢穴要是大到某种程度（工蚁数量增加）的话，就会相应地出现长翅膀的蚂蚁。它们飞到外面，与来自其他巢穴的异性相遇后交尾，雌性（也就是新蚁后）开始建造新的巢穴。这就是蚂蚁扩大族群的最常见的方式。

　　那么，切叶蚁的新蚁后该怎么制作初期的菌园呢？它会在飞离蚁巢之前，取一把菌园的菌丝放进嘴巴附近的袋子里。交尾后，雌蚁的翅膀会脱落，在地下深处挖洞建巢，之后取出袋子中的菌丝，种植在自己的粪便上。也就是说，菌丝来自上一代培育的菌种，真可谓"代代单传的秘菌"（实际上有很多长翅膀的蚂蚁，严格来说并非单传）。这种习性也是切叶蚁与菌类共进化的重要背景之一。

一旦粪便上培育出的菌类开始生长，新蚁后便在附近产卵，孵化出来的幼虫靠吃菌类长大，成为新的工蚁。

关于种植蘑菇的白蚁的相关研究还没有取得进展，我想它们一定有和切叶蚁同样有趣的习性。在日本也生活着一种会种蘑菇的黑翅土白蚁（图73），希望学者能尽快对它们展开研究。

图 73　菌园上的黑翅土白蚁蚁后（初期巢穴）© 岛田

在树坑里栽培菌类

除了切叶蚁和种植蘑菇的白蚁之外，还有一些以真社会性著称的昆虫。有一种叫小蠹（图74）的树木害虫也与菌类共生。

图 74　足距小蠹 *Xylosandrus*
borealis Nobuchi © 有本

小蠹会在树木上打洞挖坑，在里面放置从上一代（自己成长的坑道）那儿继承来的虫道真菌的孢子，它们以增殖的菌类为食。菌类渗入树木内部，将树木营养的精华浓缩在外面看得见的部分上。菌类虽然特化为小蠹的食物，但它并不是完全的牺牲者，它依附于小蠹的繁殖和生存扩大生长区域。

此外，小蠹还具有亚社会性，在幼虫生活的坑道里放满菌类的孢子作为食物。除小蠹之外，还有很多昆虫用自己的身体保存菌类，等来到新天地再开始培植。特别是一些微型甲虫会这么做。这类甲虫的身上有一个叫作贮菌器的部位，可以携带着菌类四处移动。

蚁栖植物

有的蚂蚁就生活在植物的内部。植物为蚂蚁提供住所，但蚂蚁可不是无所事事的住客，会帮助植物抵御其他植食性昆虫的侵害。这就产生了与蚂蚁共生的植物，简称"蚁栖植物"，这种植物在世界各地，特别是热带地区都可以见到。

在东南亚地区，大戟科血桐属植物是有名的蚁栖植物。特别是在婆罗洲岛、马来西亚半岛和苏门答腊岛，这类植物异常多样化，大部分与举腹蚁属的蚂蚁共生，因此各个种类在某种程度上与特定的蚂蚁有所关联。

每种血桐属植物与蚂蚁的共生程度各不相同，但基本模式是蚂蚁保护植物免受食叶昆虫的侵害，植物为蚂蚁提供茎叶作为"营养饲料"和住所。

那些本应与蚂蚁共生的植物，偶尔也有得不到蚂蚁眷顾的时候。如此一来，植物就面临被蝗虫或青虫吃成光杆的悲惨命运。看来蚂蚁的防御功能还是很有效的。

不过，这些没能与蚂蚁共生的血桐也含有很强的毒素，可以保护自身免遭植食昆虫的侵害。制作这种毒素也需要营养体，这就相当于本该和蚂蚁共生的血桐把"投资"转向了"营养体"。

通常，这些植物的内部也生活着半翅目的介壳虫（图75）。也就是说，蚂蚁接受了植物制造的营养体和介壳虫的"恩泽"。

生长在非洲热带稀树草原上的豆科的金合欢和南美热带雨林中荨麻科的聚蚁树，也会为蚂蚁提供营养体，建立共生关系（图76）。蚂蚁获得了安全的巢穴和固定的食物来源，因而担当起保护植物的职责。

图 75　住在血桐茎部内的一种举腹蚁
Crematogaster sp.，以及共同生活在巢
内的一种介壳虫 *Coccus* sp.（马来西亚）
© 小松

与聚蚁树有共生关系的阿兹特克蚁更是会清除树木周围的
其他植物，为它创造更好的生长环境。

图 76　一种正在搬运营养体的阿兹特克蚁 *Azteca* sp.（左）和荨麻科
号角树属 *Cecropia* sp. 的叶子根部泌出的营养体（右）（秘鲁）© 小松

长屋的住户

从蕨类植物到种子植物，蚁栖植物经过多次独立进化。除

上述植物外，还有很多种类只为蚂蚁提供住处，并没有与特定的蚂蚁种类结成共生关系。

分布在东南亚的茜草科蚁巢木是一种被刺覆盖的植物（图77），茎内有迷宫一样的空洞，对蚂蚁来说是最佳的巢穴。而且植物也会通过这些空洞，从蚂蚁排出的粪便和食物残渣中汲取养分。也就是说，蚂蚁给房子施肥，让它继续生长、变得更宽敞高大。

江户时代，住在狭窄长屋中的人们把粪便卖给周围的农家做肥料，农家将种出来的菜供应给这些住户食用，于是在小小的区域内形成了营养循环圈。对蚁巢木来说，蚂蚁可能不仅仅

图77　蚁巢木 *Myrmecodia* sp.（菲律宾）© 小松

是警卫员，更像长屋的居民。

与蚂蚁维持共生关系的植物如果生长在荒蛮之地或美洲红树林这种营养稀缺的地方，蚂蚁便会担当起营养物质补给者的角色。

接下来我们暂时绕开蚂蚁的话题，说一下南非的一种蔷薇目捕蝇幌属的植物。这种植物的叶子可以分泌出浓稠的黏液捕捉昆虫。

世界各地都有能分泌消化酶，将粘住的虫子转化为营养源的植物，它们被称为"食虫植物"。在日本的湿地就能看到小型植物圆叶茅膏菜的踪迹。

但是捕蝇幌无法分泌出消化酶，由叶子上生活的一种蝽科的椿象专门负责吃掉那些捕到的昆虫，椿象的粪便转而成为植物的营养源。有趣的是，这种椿象已经进化出不会被黏液粘住的特性。虽然很难说清谁在养育谁，但一个提供饵料，另一个提供肥料，这就是植物与椿象之间常见的共生关系。

畜牧业

蚂蚁和奶牛

蚜虫聚集在植物的新芽上，靠吸取植物汁液为生。它们不但会损伤植物，还会传播一些植物特有的疾病，因此被视为蔬菜和园艺植物的一大害虫。蚜虫也叫蜜虫或腻虫，它们周围经常聚集着很多蚂蚁（图78）。这是为什么呢？

图78　正在从朴长喙大蚜身上取蜜的日本毛蚁

　　蚜虫从植物的筛管中汲取身体所需的养分，但植物汁液中含有过多的糖分，蚜虫把这些糖分以尿液的形式排泄出去。这种尿液被称为"甘露"，因为这种液体里除糖分外，还含有丰富的氨基酸等营养成分。蚂蚁会为了这等美味蜂拥而至。对蚂蚁来说，蚜虫就如同为它们提供甘甜乳汁的"奶牛"。蚂蚁们在享受"乳汁"的同时，也不忘为"奶牛"赶跑天敌（比如蜘蛛、瓢虫、食蚜蝇科的幼虫）和寄生者（在蚜虫身上产卵的小蜂）。蚜虫的身体非常柔软，如同一颗载满丰富养分的水球，不利于逃跑，所以没有蚂蚁的话，很容易被捕食者抓到。

　　蚜虫在排出"甘露"的同时会滋生一种交链孢霉属的霉菌，

因而不得不生活在脏乱的环境中，交链孢霉属也会导致植物染病，蚜虫食物的质量会随之下降。

从这一点来看，蚂蚁和蚜虫之间维持着互相扶持的共生关系，但如果缺少了蚂蚁，这种关系就会迅速瓦解。

对于昆虫之间这种共生关系，我们也不必硬将其标榜成美好的友谊。有报告显示，如果蚂蚁毫无限度地向蚜虫索取"甘露"，也会阻碍蚜虫的生长。而且，蚜虫数量过多的时候，蚂蚁也会将其当作食物吃掉。

共生关系中利益无法平均分配这一点，后文会详细叙述。

嫁妆

与血桐有共生关系的举腹蚁属蚂蚁的巢穴内，还住着一种介壳虫。这种介壳虫的外形类似贝壳，很难想象它是一种昆虫(图79)。与蚜虫一样，很多介壳虫都与蚂蚁存在共生关系。

这种介壳虫的幼虫孵化出来后开始吸食植物汁液，背后会

图79　红蜡蚧 © 小松

分泌出蜡状物质，粘在身上。蜡状物质渐渐变大，遮住昆虫的身影，最后完全变成了一只巨大的"贝壳"。"贝壳"的缝隙间会有"甘露"流出，像蚜虫一样与蚂蚁维持着共生关系。并不是所有种类的红蜡蚧都有贝壳一样的坚硬物质覆盖，有的红蜡蚧像蚜虫一样将身体露在外面。

邵氏尖尾蚁与甘蔗胸粉蚧之间的关系，可谓是这种共生关系的极致（图80）。

图80　邵氏尖尾蚁巢穴中的甘蔗胸粉蚧（左）和衔着一只甘蔗胸粉蚧飞翔的雌性邵氏尖尾蚁（右）© 岛田

邵氏尖尾蚁的营养源基本全部来自甘蔗胸粉蚧的"甘露"。离开甘蔗胸粉蚧，邵氏尖尾蚁便无法生存下去。而甘蔗胸粉蚧也必须生活在邵氏尖尾蚁的巢穴中，不然也获取不到食物。甘蔗胸粉蚧也和蚜虫一样有柔软的身体，但它们无法像一般的介壳虫红蜡蚧一样分泌物质制作"贝壳"。

具体说来，邵氏尖尾蚁会把甘蔗胸粉蚧安置在自己巢中植物根茎的旁边，方便它们吸食汁液，精心照料，然后在一旁享受它们排出的"甘露"。在这种绝对的共生关系中，也许无法说清哪一方比较得利。

那么，这种关系又是如何世代相传的呢？雌性蚂蚁（新蚁后）会衔着一只甘蔗胸粉蚧飞到别的巢穴，与那里的雄性交尾后，建立新巢穴，让这只甘蔗胸粉蚧继续繁殖。所以甘蔗胸粉蚧对于邵氏尖尾蚁来说，就好似人类世界的嫁妆一样，不过意义却重大多了，关乎它们的生死存亡。以"蚁之宝"来形容绝不为过，其重要性甚至远远超出我们人类的想象。

战争

战争才是生物间的基本关系

我们之前描述的共生关系，都是生物与陌生个体之间的友好关系，这其实是为数不多的例子。生物之间的基本关系不是你吃我，就是我吃你，或者处于竞争和一触即发的战争状态。

虽然正面冲突并非随处可见，但在日常生活中或觅食的时候，经常可以看到各种纠纷。

比如说同一地域内的两种生物（个体或群体）需要争夺有

限的食物资源或栖息环境。结果，可以有效运用食物资源和栖息环境的一方更容易存活下来，另一方就会从这个环境中消失。无须正面冲突，就能达到驱逐一方的结果。其实类似的情况也经常发生在人与人之间或企业之间的竞争中。

真正的和平主义者

一提到"昆虫间的争斗"，不少昆虫爱好者首先想到的肯定是独角仙（图81）。小时候，大家都曾让两只独角仙斗着玩吧。

可能与本章的主题——社会性昆虫有些偏离，在广义的生物社会中，有"群落"这一概念，例如把以樱花为食的昆虫统称为"樱花昆虫群落"。

独角仙白天常常聚集在麻栎、枹栎树上吸食树液，和这里的其他昆虫一起构成"树液昆虫群落"，包括白天活动的日铜罗花金龟等中小型甲虫、各种胡蜂、大紫蛱蝶、拟斑脉蛱蝶等昆虫，晚上还会出现独角仙、锹甲、天牛等大型甲虫。

而一种在树木中掘洞生活的芳香木蠹蛾的幼虫（图82），通过划破树木让树液流出，专门捕食那些聚集而来的小型昆虫。

于是，复杂的"树液昆虫群落"围绕富含糖分、蛋白质等营养物质的树液展开争斗。虽然我们也好奇谁才是胜出者，但事实上并没有确切的结论，要视情况而定。

独角仙主要在夜晚活动，其攻击方式是把角伸到对方身下，

图 81　吸食树液的独角仙 © 小松

图 82　生活在树洞里的芳香木蠹蛾的
幼虫 © 小松

再举起扳倒对方。锹甲会用大颚把敌人夹起来扔下树去。

　　这些大型甲虫争夺树液的目的,除了确保食物,还为了保护这块交尾场地。独占树液区域的话,就可以优先和来到这里的雌性交尾。

　　很多人应该对独角仙或锹甲的争斗有印象,其实在野外,独角仙之间的战争并没有那么频繁。

　　雄性独角仙在争斗前会先触碰对方的角,试探着测量对方角的长度,胜负通常在此时就已见分晓。

此外，独角仙的个体大小有很大的差异。个头小的雄性身长只有四十毫米左右，个头大的可以超过六十毫米。如果遇上这种个体差异显著的情况，擦枪走火之前便高下立判。于是小型独角仙会提前在大家还没有出现的树液区域活动，尽量避免与其他的独角仙正面交锋。

而在我们研究的曲颚前锹甲的案例中，已经占领树液的雄虫无论如何也不会和后来的雄虫发生争斗。它们算是真正的和平主义者。饲养过曲颚前锹甲的人应该对此深有体会。

独角仙、锹甲的雄虫即便有强壮的角，也会为了避免消耗体力和受伤，尽量避免无谓的争斗。看来昆虫也不会做出徒劳无功的行动。

蚂蚁的战争

社会性昆虫还有一个特征是排他性。即使是同一种类，其他巢穴的族群也是敌人，有时仍然会发生惨烈的战役。

当然，无谓的战争只会让双方损兵折将，不过社会性昆虫创立的生活模式能够避免这些无端的争斗。划分地域（地盘）就是它们采取的一个重要手段。即便是这样，在双方划分的地域有所重合的时候，不得已的情况下还是会引发战争。

日本公园常见的日本弓背蚁或铺道蚁属，同种之间会发生争夺巢穴的战争。在双方蚁巢的中间地带，许多工蚁互相撕咬。

结果死的死伤的伤，有的失去肢节或触角，惨烈程度比起人类的战役来有过之而无不及。

激烈的地盘之争

有像上述那样单纯以武力相争的蚂蚁，也有一些蚂蚁采取的方针是"智斗"。

北美干燥地区常见的一种蜜蚁（图83），如同它的名字一样，工蚁中有一支专门的供蜜蚁，腹部储存着其他工蚁采集回来的蜜。供蜜蚁倒挂在地下巢穴的顶上，就像一个活体储蜜罐（图84）。对于昆虫来讲，干燥的地域生存环境恶劣，这种供蜜蚁可以在干燥的地表下确保珍贵的水分。

在澳大利亚干燥的地表生存着弓背蚁属，是北美供蜜蚁的远亲，虽然也能在体内储藏蜜，却是与北美供蜜蚁各自独立进化（参见84页"趋同进化"）而来的。

图83 蜜蚁 *Myrmecocystus mimicus* 的工蚁（美国）©Alex Wild

图84 蜜蚁的一种 *Myrmecocystus mexicanus* 的供蜜蚁（墨西哥）©Alex Wild

　　沙漠游民好战的说法，虽不是来源于什么"风水论"，但不得不说和常年缺水、环境艰险这些危机有一定的关联。干旱地区的蚂蚁也是如此，同种的巢穴之间或不同种族之间的战役相当激烈。

　　蜜蚁除了食用花蜜以外，还会捕食以食草动物粪便为食的白蚁。这类白蚁身体柔软、营养丰富，是很多蚂蚁眼中的美味。

　　蜜蚁在其他蜜蚁的巢穴范围内看到白蚁的话，会大举逼近，先压制住对方的行动，再由其余的工蚁将白蚁捕获并运走。

　　有趣的是，即便与其他蚁穴的蜜蚁交战，也不会出现伤肢断节的暴力行径。这时双方有多达几百只蜜蚁聚在一起，个个像小流氓一样踮起脚（因为是蚂蚁，只能踮脚让自己显得高一些），一边转圈一边寻找制胜点。个儿小的蚂蚁爬到小石头上，牵制身躯较大的蚂蚁，或者采用并不致命的接触，比如推挤对方、传达威胁性信号等，展示自己的力量，总之感觉一场大战一触即发。

当然，正式战役一旦开始，就不会这么简单了，战争有时会一连持续好几天。

最后输的那一方巢穴被攻陷，蚁后被杀害，幼虫、蛹、供蜜蚁和年轻工蚁则被掠走，成为胜方的成员。这和此后提到的奴隶制有所不同，这些被俘获的蚂蚁会成为获胜方的成员，享有平等的地位，一起劳动。

强大的蜜蚁家族就依靠这样的方法，不停地吞并其他蚁巢，不断扩大规模，就如同战国时代、三国时期或者古代欧洲的诸国混战。这种战斗行为是同类蚂蚁中的高等行为。

各种强敌

然而蜜蚁的敌人不止是其他巢穴中的同种蚂蚁，还有其他竞争者。

虹蚁属的一种（图 85）就与蜜蚁的生活领地重合，两者之

图 85 虹蚁属的一种具霜虹蚁 *Forelius pruinosus*（美国）© Alex Wild

间存在竞争关系。这种蚂蚁的体形虽然只有蜜蚁的几分之一，但在袭击蜜蚁巢穴的时候，腹部会流出蜜蚁讨厌的化学物质，把它们困在洞口内侧动弹不得，然后趁机夺走蜜蚁的食物。从人的视角来看，这种化学物质的效果大概相当于催泪瓦斯。

此外，锥蚁属的一种蚂蚁（图86）也与蜜蚁存在竞争关系，不过它们的战术更加有趣。这类蚂蚁会往蜜蚁的巢穴里扔石子，目的是阻止蜜蚁出来觅食。也有其他蚂蚁独立进化出了这种"投石行为"。在北美的干燥地区，一种盘腹蚁属的蚂蚁会埋伏在收获蚁的洞口，妨碍它的捕食行动。

图86　锥蚁属的一种二色锥蚁 *Dorymyrmex bicolor*（美国）©Alex Wild

生活在干燥地区的蚂蚁等高等社会性昆虫的斗争更加激烈，也进化出了更高级的战争行为。

自爆式攻击

排他性强的蚂蚁大多骁勇善战。最符合这一评价的当属生活在马来西亚的爆炸蚂蚁（图87）。顾名思义,这种蚂蚁会爆炸,它体内的大颚腺腺体十分发达，里面充满了防御物质。大颚腺占据了身体的大部分，从头部一直延伸到腹部底端。一旦遇到其他蚂蚁或蜘蛛等敌人，爆炸蚂蚁会立刻收缩肌肉，使腺体崩裂，将有毒的黄白黏液喷到对方身上，粘住对方使其不能动弹。不过蚂蚁爆炸后也会死去，为了保护群体，它们牺牲自己，充当了"虫体炸弹"。

相似的还有举腹蚁（图87右），它们的后胸腺也十分发达，遭到攻击时胸部会喷出白色黏液，使敌人不能动弹。不过很多时候，蚂蚁也会因此而死亡。

蚂蚁为了保护巢穴引爆了自己的身体，这种极端的身体爆炸式袭击在人类的战争或恐怖事件中也很常见。不过人类的这

图87　爆炸蚂蚁 *Camponotus saundersi*（左）和举腹蚁 *Crematogaster inflata* 的工蚁（右）

种行为与延续基因没有任何关系，昆虫却是为了保护同类才自我引爆的。

高温攻击

在日本，原产于欧洲的西洋蜂是主要的人工养殖对象。当然日本本土也有日本蜜蜂（图88）。

图88　日本蜜蜂 © 小松

很多日本蜜蜂会在狭长的树洞里建巢，入口处有许多工蜂守卫，主要是提防天敌——大型胡蜂的袭击。胡蜂经常会单独侵入蜜蜂巢内，抢夺蜜蜂幼虫，带回去喂养自己的幼虫。这种情况下，日本蜜蜂绝不会坐以待毙，工蜂们会把胡蜂团团围住，颤动肌肉发出热量，把胡蜂活活热死。这是几千万年来，蜜蜂在无数场战役中进化出来的作战方针。

欧洲胡蜂数量比较少，所以生活在那里的西洋蜂还没有采用这种战术。对于生活在日本的西洋蜂来说，胡蜂是一个极大的威胁。

奴隶制

昆虫的悲惨世界

虽然再继续谈战争这个话题让人有些厌烦，但我们接下来还是要说说昆虫世界的奴隶制度。表面平静的自然界中掩藏着各种悲惨的生物关系。如果你觉得大自然一派祥和，就大错特错了。昆虫的奴隶制度向我们展示了自然界真实的一面。

这里介绍的蚂蚁的奴隶制度属于一种寄生形式。说到寄生，大家可能会想到之前介绍的寄生蜂或人类消化管道内的尖尾科寄生虫，不过寄生的形式除了寄居在其他生物体身上，还指多种（通常是两种）生物的共生关系中比较有利的一方的情况。

许多生物都演化出了寄生关系，但形态却多种多样。比如接下来要讲到有些昆虫欺骗蚂蚁，使其沦为盘中餐的事例。

生物想不付出劳力就获取利益，最省事的方法就是寄生。在世界各地，很多生物各自演化出了寄生性。这些寄生生物繁衍至今，证明寄生对它们来说是最合适的生活方式。

我们之前讲了蚂蚁和其他动植物之间的共生关系，其实共生关系中也有很多利益并不均衡。从这个角度来说，把这种关系看作获利的一方寄生于另一方也没什么不对。

即使在利益均衡的共生关系中，只要存在两个以上的个体（或集团）的关系，双方肯定都为了得到更多的利益而竞争，但得在让对方存活的状态下进行，我们一般把这种关系称为"互惠共生"。

捕获奴隶

夏天的时候，我们经常在草丛中看见一些黑蚂蚁跑到别的黑蚂蚁巢里搬运蛹的场景。这其实是佐村悍蚁将黑褐蚁捕获回去当作奴隶。

佐村悍蚁的工蚁无法自己外出觅食和咬碎食物，甚至无法抚养幼虫，这一切都由奴隶蚁来完成（彩图第7页）。而作为奴隶的黑褐蚁寿命只有一两年。劳动力不足的时候，工蚁便到附近的蚁巢里掠夺大一点的幼虫或蛹。已经长为成虫的黑褐蚁便会成为奴隶。佐村悍蚁的工蚁虽然平时不劳作，懒散地待着，但在捕获奴隶时却展现出惊人的能力。它们镰刀状的大颚带有细密的锯齿，尖端十分锋利，这样的大颚不适合切割或咬碎东西，但在争夺蚁蛹时，能与殊死抵抗的日本黑褐蚁战斗，也方便搬运幼虫和蛹（图89）。

而且黑褐蚁敌我不分，由于在幼虫或蛹阶段就被虏获而来，变成成虫后会把自己当作佐村悍蚁的同类，像在自己家里一样，全心全意地为主人服务。

图89　长着镰刀状大颚的佐村悍蚁工蚁的正面 © 岛田

单枪匹马发动政变

那么，无法抚养后代的佐村悍蚁又是如何筑巢的呢？

之前说过，长出翅膀的雌蚁会飞出巢穴，与其他巢穴的蚂蚁交尾后开辟出一片新天地。最初，雌蚁单独抚养幼虫，用自己口中分泌的养分喂养幼虫，直到新的工蚁出生后，便派它们外出觅食喂养自己。

图90　佐村悍蚁的雌蚁（蚁后）© 岛田

但是，佐村悍蚁的雌蚁在交尾后（图90）会单独侵入黑褐蚁巢内，杀掉黑褐蚁的蚁后，自己取而代之坐上蚁后的位子，随后作为新蚁后接管这个巢穴。工蚁服侍它和它生下的后代，如同服侍原来的蚁后一样。这个过程像极了独自一个人发动一场政变。

一开始，佐村悍蚁雌蚁只身混入黑褐蚁巢穴的时候，会故意染上巢穴的味道，安抚来到身边的黑褐蚁工蚁，防止自己受到攻击。在刺杀黑褐蚁蚁后的时候，再染上它的味道，如此一来便坐上蚁后的宝座。

不过这种刺杀性的政变行为应该多以失败告终，要是成功率很高的话，佐村悍蚁巢穴的数量为什么那么少呢？如果佐村悍蚁的巢穴很多，估计黑褐蚁也不复存在了。纵观生物进化史，寄生者的数量一味大幅增加的话，它的寄主会越来越少，直至消失，那么接下来双方都可能灭亡。

种种奴隶制度

蚂蚁科昆虫经过多次进化，形成了奴隶制。

在日本的山地生活着一种叫血红林蚁的大型红色蚂蚁（图91），悲惨的是，黑褐蚁也是它们的奴役对象。它们自己可以觅食和进食，没有奴隶蚁也能生活下去，只不过有了奴隶蚁，可以更好地维持生活环境，养育幼虫。

图91　血红林蚁的雌蚁（左，蚁后）和被
奴役的黑褐蚁的工蚁（右）© 岛田

　　几千只奴隶蚁的劳力对于血红林蚁的生活来说，影响还是
非常巨大的。这类蚂蚁特化为依靠奴隶生活的种类，是因为产
生了像佐村悍蚁那样不能独立生存的蚂蚁。

　　在日本还生活着一类类似佐村悍蚁的蚂蚁，即圆颚切叶蚁
属（图92），它们与佐村悍蚁一样拥有镰刀状的大颚。这类蚂蚁
中具有寄生性的数量并不是很多，特别是在日本更加少见。因
此它们的生态鲜为人知，在其寄主津岛铺道蚁的巢内才能看到

图92　圆颚切叶蚁属（上）和它的寄
主津岛铺道蚁（下）© 岛田

它们的身影。

欧洲的圆颚切叶蚁属蚂蚁会从地下侵入一种铺道蚁的巢内，用大颚将奋力抵抗的工蚁刺死，然后夺走对方的蛹、幼虫及无力抵抗的工蚁，带回巢内充当奴隶。耐人寻味的是，参与这场袭击的还有之前虏回的奴隶，也就是说，铺道蚁工蚁会帮助"敌国"侵略自己的"祖国"，说明这些奴隶已经彻底融入敌方，成为其中一员。

变装秀

像上述介绍的奴隶制度那样，一种社会性生物依存于另一种社会性生物，称为"社会寄生"。奴隶制度只是社会寄生的一种，还有很多其他的形式。

比如说有一种社会寄生叫暂时寄生，侵入其他蚂蚁巢穴的雌蚁在成为新蚁后、让寄主的工蚁抚育自己的卵和幼虫前，其行为和实行奴隶制的种类是一样的。但是，新生的工蚁和寄主的工蚁一样都得劳作。由于寄主的蚁后已经死去，寄主的工蚁渐渐耗尽寿命，新工蚁的数量不断增加，最后只剩下寄生者的工蚁了。由于只在建巢初期才发生这种寄生行为，所以叫作暂时寄生。

在日本的杂树林中生活着一种叫叶形多刺蚁的大型带刺蚂蚁，它们也属于暂时寄生性昆虫，寄主是弓背蚁属的蚂蚁，寄生方式与佐村悍蚁相似。叶形多刺蚁的雌蚁会在日本弓背蚁的巢穴附近抓住工蚁，先咬住它的脖子使其动弹不得。不可思议的是，在工蚁渐渐失去反抗能力的过程中，工蚁的气味会沾满雌蚁的身体。这样有助于叶形多刺蚁雌蚁在侵入日本弓背蚁巢穴的时候免受工蚁的袭击。当它找到日本弓背蚁蚁后时，同样会咬住对方的脖子，再让它的气味沾满自己的身体，从而成为新的蚁后。

总的说来，叶形多刺蚁的结局也与佐村悍蚁相似，大多刚到洞口就被工蚁发现并杀死，以失败告终，但这种不断变装的方式就像怪盗侠客一样神奇。

披着羊皮的狼

我们身边常见的一种蚂蚁遮盖毛蚁也有暂时寄生性，它们的寄生方式也非常有意思。

遮盖毛蚁雌蚁靠近寄主日本毛蚁的巢穴后，先抓住一只工蚁（彩图第7页），将其杀掉，让它的气味沾满全身，然后含着工蚁的尸体侵入巢穴。这场景看起来似乎很恐怖，但日本毛蚁的视觉其实不发达，对靠化学物质识别同类的工蚁来说，眼前走来的仿佛是一只同种工蚁，简直就是蚂蚁版的"披着羊皮的狼"。成功侵入日本毛蚁的巢穴之后，雌性遮盖毛蚁便杀掉蚁后，取而代之成为新蚁后。

不过，遮盖毛蚁的寄生成功率也不是很高，日本毛蚁为了对付它们，将巢穴内部设计得十分复杂，蚁后为了保全自己，又藏在洞穴的最深处。

实际上，在遮盖毛蚁雌蚁可以飞行的季节，日本毛蚁巢穴内经常可以看到它们的残肢，那是它们被工蚁发现后杀掉，或逮住施以针刑（几只脚被工蚁拉拽着，动弹不得）留下的痕迹。

到目前为止，我们介绍的寄生性蚂蚁多数都是把寄主的蚁后杀掉，其实如果不杀掉寄主的蚁后，还可以增加劳动力工蚁的数量，但这样的话，新蚁后的卵就不能得到充分的照顾。

自我家畜化

Teleutomyrmex 是生活在欧洲阿尔卑斯山的稀有蚂蚁，它们与一种切叶蚁亚科的蚂蚁 Tetramorium 一同生活在巢穴中，Teleutomyrmex 蚁后会趴在 Tetramorium 蚁后的背上。Teleutomyrmex 蚁后的身形要比 Tetramorium 蚁后小很多，但腹部可以剧烈膨胀，连续产出大量的卵。这些卵和幼虫由 Tetramorium 的工蚁抚养。

有趣的是 Teleutomyrmex 中没有工蚁，它们的幼虫会长成带翅膀的雌蚁或雄蚁。除了人类社会，阶级是定义其他生物真社会性的关键因素，所以这种没有工蚁、不养育后代、什么都不做的蚂蚁可以说已经失去了社会性。

刚出生的 Teleutomyrmex 雌蚁在巢内和自己的"兄弟"交尾

后，会飞到其他 *Tetramorium* 的巢中。寄主的蚁后得不到充分的营养供给，或是因为工蚁数量太少，巢穴会逐渐衰败下去。而 *Teleutomyrmex* 则是过度依赖寄生，导致 *Tetramorium* 生活区域越来越狭窄、总量越来越稀少。

还有一种生活在北美的叫 *Anergates atratulus* 的蚂蚁，同样也寄生在 *Tetramorium* 身上。像 *Teleutomyrmex* 和 *Anergates atratulus* 这样完全依赖寄主生存的蚂蚁属于"永久社会性寄生"，不过这类蚂蚁已经丧失了各种重要的功能，特别是大脑中枢神经已经退化，也就是说，只要特化出寄生形态，便可以不用开动脑筋想尽办法生存。

这其实和已经家畜化的动物一样，比如人们饲养的猪的祖先原本是野猪，经过人类长达几千年的驯化，它们不再需要洞察天敌动向的神经纤维，也不再需要寻觅食物的探索能力，所以脑容量已变得很小。

在人类和家畜或农作物的关系上，有一个奇特的观点：不是人类在管理家畜，而是家畜在支配人类。繁衍后代和延续基因是生物的最高使命，所以从这个角度来看，是家畜和农作物在利用人类成功延续自己的基因。当然没必要严肃看待这个观点，不过从 *Tetramorium* 一直在饲养 *Teleutomyrmex* 来看，这也有一定的道理。

社会性寄生的进化

这部分关于社会性寄生的内容比较难懂一些，所以我放在这一小节的最后。

有一个关于社会性寄生的法则叫"埃默里法则"，是近代蚂蚁学者卡洛·埃默里提出的。简言之就是寄主和寄生者都由共同的祖先分化而来，属于近亲关系。像蚂蚁这种需要频繁联络的昆虫，越是近亲，必然越容易形成寄生关系，构建起共同生活。

这也表明了社会性寄生物种进化的路径，也就是说，寄生蚂蚁是由寄主蚂蚁进化而来的。

关于社会性寄生，最有力的说法是"地盘起源说"。之前提到的蜜蚁，同种蚂蚁经过地盘之争后，败者成为胜者的奴隶，可以说这极其接近"积极奴隶制"。实际上，蜜蚁的同属种类中也存在社会性寄生。

此外，同一物种在经过地理性的隔离后再度重逢，如果其中一方拥有了更强的性状，另一方就更容易被侵略。

另外，同种之间的战争还会导致一巢多蚁后制或多巢制的后果，通过这些，我们也可以想象出各种进化的途径。总之，蚂蚁的社会性寄生是以各种错综复杂的原因为前提进化而来。

关于蚂蚁的话题，到这里就先告一段落。通过对熊蜂或胡蜂等社会性寄生蜂进行观察，推测它们的进化路径，发现多数也符合"埃默里法则"。

蚂蚁巢中的食客们

蚁客

我想讲一下蚂蚁巢中的共生昆虫，来结束昆虫社会这一节。虽然它们并非我专业领域内的研究对象，但颇有意思，所以拿出一些篇幅来介绍它们。

蚂蚁大多具有攻击性和排他性，擅长巢穴的防卫工作。反过来说，一旦进入蚂蚁的巢穴，就意味着进入了一个安全的环境，而且还有源源不断的食物供给。生物总是在不断追寻更好的资源（更丰富的食物和更好的生存环境），像蚂蚁巢穴这么好的地方自然成了各种共生生物的温床。

我们把一生中有某段时期或终身都依附于蚂蚁的昆虫叫作蚁客，大约有十目百科以上的种类具有好蚁性。经过多次进化，好蚁性昆虫的种类和数量也越来越多。大部分好蚁性昆虫的体形和蚂蚁差不多，也有一些比蚂蚁大得多，而且蚂蚁基本上也不会在意它们的存在，已经把它们看作巢内的成员了。

鉴于蚂蚁世界的组织架构和人类社会截然不同，比喻起来有些难度，但不妨想象一下这样的情形——家里有一只会吃掉你孩子的大熊在走来走去，或者坐在餐桌旁和你一同进餐的是陌生人，甚至是外星人。

不同类别的昆虫有不同的进化方式，它们的行为以及与蚂蚁的关系也各不相同，接下来介绍几个具有代表性的例子。

盗食寄生

简单来说，盗食寄生就是偷别人的食物吃。

最具代表性的是叫作蚁蟋（图93）的蟋蟀，身长只有三到五毫米，翅膀已退化，这也是为了适应狭小阴暗环境的特化表现。

图93 生活在日本弓背蚁巢中的蚁蟋 © 小松

蚂蚁用嘴相互传递食物，这时蚁蟋会趁机盗取食物，有些进化得更好的种类能模仿蚂蚁传递食物时发出的信号，直接从蚂蚁口中接过食物。

还有一些种类的蚁客待在蚁巢中，却尽量避免与蚂蚁接触，伺机抢走它们的食物。蚁客复杂多样的生态中还有更加精彩的事实。一类叫隐翅虫的小型甲虫中有很多种类都是蚁客，并且是盗食寄生型。

在日本也生活着一种隐翅虫，往返于毛蚁属蚂蚁的队列里，一旦发现运送食物的蚂蚁，就立即跳到它的背上，在它回巢之前把食物吃掉（图94），再去寻找下一个目标。

图94 正在偷吃被毛蚁搬运的食物的隐翅虫 © 岛田

南美行军蚁的巢中住着一种与行军蚁极为相似的隐翅虫，它们会和行军蚁一起出去狩猎（图95），然后趁行军蚁分解猎物时偷吃一部分。

过多的食客

在蚂蚁巢穴内部和周围，堆积着很多食物残渣和蚂蚁残骸。也有专门以此为食的昆虫。

像蚁属（Formica）在建造大型巢穴的时候，会产生大量垃圾，

图95　和布氏游蚁 *Eciton burchelii*（左）一起出去狩猎的隐翅虫 *Ecitophya simulans*（右）（秘鲁）© 岛田

很多蚁客就专门负责处理这些垃圾。

在马来西亚五十多米高的树木上，生活着一群举腹蚁属蚂蚁，叫作 *Crematogaster difformis*，它们在附生于树干上的蕨类植物间建巢。巢中寄居着体长五毫米左右的小蟑螂 *Pseudoanaplectinia yumotoi*（图96），它们担当着清洁工的职责。此外，它们个体的数量相当惊人。

一般来说，一个巢穴中蚁客的数量若是达不到蚂蚁数量的

图96　蜚蠊目 *Pseudoanaplectinia yumotoi*（马来西亚）© 小松

几万到几百分之一，是不会对蚂蚁
社会造成什么影响的。

　　不过 *Pseudoanaplectinia yumotoi*
占到了包含蚂蚁在内的巢中生物总
量的百分之二十，虽然还没有确切
的证据，但必定会相互产生一定的
影响。*Crematogaster difformis* 的巢
穴都在很高的地方，调查研究其
内部的共生者比较困难。最近，
我又在蚁巢内发现了奇特的甲虫，
是金龟科和三锥象科变异的新种
（图 97）。

图 97　三锥象科 *Pycno-
tarsobrentus inuiae*（马
来西亚）

　　顺便一提，几乎没有哪个专家专门研究调查蚁客，所以除
了极难调查的地方，我还在日常生活环境中发现了很多新种。
因为发现的地点多在地面上，我经常把脚下的蚂蚁巢戏称为"未
涉足的处女地"。

家中猛兽

　　蚂蚁巢中的这些食客不仅厚着脸皮蹭吃蹭喝，其中很多还
会吃掉蚂蚁的幼虫。

　　食蚜蝇科的日本巢穴蚜蝇的幼虫，身长一厘米左右，体形

呈半球状。由于样子不像昆虫,最初甚至被认为是蛞蝓的一种。日本巢穴蚜蝇的幼虫住在蚂蚁的育婴室里,以蚂蚁幼虫和蛹为食物(图98)。它们紧紧贴在巢穴的墙壁上,仿佛与墙壁融为一体,偷吃蚂蚁幼虫也不会被觉察。

图98 正在吃日本毛蚁的蛹的日本巢穴蚜蝇幼虫(左)和成虫(右)
© 小松

一种叫作胡麻霾灰蝶的蝴蝶幼虫能分泌出蚂蚁喜欢的化学物质(彩图第8页),所以会被红蚁属蚂蚁搬运回巢,于是蝴蝶幼虫便以蚂蚁幼虫为食长大,但蚂蚁对此居然毫不介意。

蚂蚁除了通过化学物质,还会利用声音联络同伴。有的胡麻霾灰蝶幼虫甚至会模仿蚁后的声音,让工蚁饲喂自己。

此外,东南亚有一种叫拟蛾大灰蝶的蝴蝶幼虫(图99),它们生活在凶残的黄猄蚁的巢中,以蚂蚁幼虫为食。而且这种蝴蝶幼虫背部就像乌龟壳一样坚硬光滑,让蚂蚁无法下嘴。

图 99　黄猄蚁 *Oecophylla smaragdina* 巢内的拟蛾
大灰蝶 *Liphyra brassolis* 幼虫（马来西亚）© 小松

　　隐翅虫亚科的 *Pella* 属的一种（图 100），也生活在毛蚁属蚂
蚁队列的周围，平时以死去的蚂蚁为食，不过饿极了也会袭击蚂
蚁。虽说它们个头与蚂蚁差不多大，但狩猎方式却极其凶残，像
狮子一样咬住蚂蚁的颈部，切断血管和神经将其杀死。由于毛蚁
属有强有力的大颚，足以进行反击，所以采用这种一击必杀法是
最有效的攻击方式。

图 100　正在捕食蚂蚁的 *Pella japonica*
© 岛田

伪装术

之前介绍过蚂蚁的好伙伴——蚁客甘蔗胸粉蚧，它与蚂蚁之间的互利共生关系堪称极致。即使无法互利共生，也有一些昆虫会积极打入蚂蚁的生活圈，它们被称作"相爱共生者"。

黑灰蝶的幼虫就被日本弓背蚁搬回巢中好生照顾，蚂蚁用嘴衔着食物喂养它们（图101）。这些幼虫虽然是毛毛虫，但擅长伪装术，模拟雄蚁的味道来欺骗蚂蚁，这属于化学模拟。日本弓背蚁雄蚁的大颚不发达，无法自己进食，在发育成熟前都是在巢内由工蚁负责喂养。也就是说，日本弓背蚁把黑灰蝶幼虫当作无

图101　正在被蚂蚁饲喂的黑灰蝶幼虫 © 小松

法进食的雄蚁幼虫了。

　　名为 *Lomechusa sinuata* 的隐翅虫住在日本黑褐蚁的巢里，接受蚂蚁的饲喂（图102）。它的幼虫与蚂蚁幼虫极为相似，而且更善于索取食物，所以蚂蚁会优先喂养 *Lomechusa sinuata* 的幼虫。

图102　红蚁属巢里的 *Lomechusa sinuata* © 岛田

　　Lomechusa sinuata 的有趣之处在于，成虫每年春天到夏末时节都会在日本黑褐蚁的巢中生活、繁殖，羽化后的成虫则前往红蚁属蚂蚁的巢中越冬，等到春天再回到日本黑褐蚁的巢中。日本黑褐蚁的巢穴规模庞大，最适合繁殖，但这种蚂蚁怕冷，一到秋天就停止活动了。而红蚁属蚂蚁耐低温，除了深冬时节之外一直都很活跃。所以即使天气寒冷，红蚁属蚁巢里仍然有充足的食物，*Lomechusa sinuata* 可以为来年春天的繁殖储备充足的养分。这样看来，*Lomechusa sinuata* 的移居和鸟类的迁徙目的相同。

然而一到春天，在日本黑褐蚁巢里经常可以见到入侵失败，反而成为蚂蚁食物的 *Lomechusa sinuata*。能成功融入蚂蚁社会，自然可以过上舒服的生活，但成功的难度系数也很高。

与家人长得一模一样的食客

蚂蚁巢里十分昏暗，蚂蚁依靠化学物质与同伴联系，巢里的那些共生者就利用这个特点，进行化学拟态。但是，要与蚂蚁的关系更加密切，仅仅靠模拟化学信号来融入蚂蚁社会有时是行不通的，因此有些昆虫也会模拟蚂蚁身体或身体的一部分。

这种方式称为"韦茨曼拟态"，是由一位叫作埃里克·韦茨曼的昆虫学者针对形似蚂蚁的蚁客提出的拟态形式。

具体说来，在双节行军蚁的寄生者隐翅虫科中，那些长得和蚂蚁一模一样的隐翅虫会在蚂蚁搬家的时候混入它们的队伍，但碰到蚂蚁爬得上去而它们上不去的地方，隐翅虫就会伪装成受伤的蚂蚁，被其他蚂蚁衔着触角搬走（彩图第8页）。这时考验的不仅是姿态的神似，还有请求其他蚂蚁搬运自己的方式，都得和真的蚂蚁一模一样。

还有一些寄生在蚂蚁体表的螨虫，表面构造基本与蚂蚁的体表融为一体（图103），它们的寄生方式也很高明，蚂蚁甚至在相互接触时都不会觉察到它们的存在。伪装成寄生者身体的一部分也是"韦茨曼拟态"的一种。

图 103　寄生在布氏游蚁 *Eciton burchelii* 大颚内侧的中气门目的螨 *Circocylliba* sp. © 小松

许多捕食者都很讨厌蚂蚁，因此不少昆虫，如椿象的幼虫（图104）或蜘蛛会模拟蚂蚁躲避天敌，这被称为"贝氏拟态"（参

图 104　束盲蝽属 的 一 种 *pilophorus* sp. 的幼虫（下）© 小松

见第 42 页）。

但是刚才介绍的隐翅虫整日生活在黑暗的洞穴里，体形过于微小，连视力极好的捕食者都看不到它，所以也不能算是"贝氏拟态"。

自然界中还存在着各种蚁客，无法一一在这里介绍，其中有些昆虫不符合上述三种模式，但有些又同时符合多个模式，这些昆虫是复杂又有趣的研究对象。

羽化后还会继续生长的成虫

白蚁巨大的巢中住着各式各样的共生昆虫，统称为"好白蚁性昆虫"。

我最近发表的一篇颇有意思的文章中提到，在西表岛和石垣岛上黑翅土白蚁的菌园中，发现了 *Termitoxeniinae* 亚科的蚤蝇。它们也属于"韦茨曼拟态"的一种，成虫腹部肥硕，拟态成白蚁的样子，怎么看都没有蝇的特征，白蚁则像对待自己的幼虫一样对待它们。

二〇〇八年初，日本境内首次发现这类昆虫，进而发现了四属四种，其中包括一个新属新种，各个种类的形态都非常有意思，其中有一种长得很像日本的豆狸，由此得名"豆狸蚤蝇"（图105）。

Termitoxeniinae 亚科有个奇异的现象，就是昆虫羽化后还

图 105　豆狸蚤蝇 © 岛田

会继续生长。通常，全变态昆虫在由蛹变为成虫后就停止生长了，至少外骨骼不会再长大。但是这种 *Termitoxeniinae* 不太一样，刚刚羽化的成虫是普通蝇类的样子，在确定巢穴并定居后，翅膀脱落，接下来在菌园生活期间，腹部慢慢变大，头部变长，脚部也变得粗壮，继续完成生长。

　　除了 *Termitoxeniinae* 以外，好白蚁性的隐翅虫科也会出现羽化后继续生长的现象，可能是为了配合与白蚁的共生关系。伴随着脱皮的成长发育，对包含昆虫在内的节肢动物来说是一种普遍规律，不过总有一些昆虫会打破常识。

第四章

与人类的关系

人类文明的产物

衣服、家畜和进化的昆虫

原始人类是赤身裸体的，但进化到现在这个阶段，离开住所和衣服便很难生活下去。关于人类体毛的减少和着装之间的关系，就像对鸡生蛋还是蛋生鸡的探讨一样，到目前为止还没有定论。

人类体表的寄生虫中有啮虫总目的人虱和阴虱，二者都是吸血寄生虫。人虱又分化为附在头发上的头虱和附在衣服上的体虱两个亚种。二者可以通过人工方式交配，各自进化出了适应头发和衣服的形态特征。能进化出两个不同的种类，一定经历了漫长的历史，这也从侧面证明了人类着装的历史相当悠久。如果衣服是人类的一种文化，这种昆虫也算是"文化的产物"了。

在这里要提一下家猪的寄生虫，一种血虱属的虱子。家猪的驯养历史也很悠久，大约一万年前，欧亚大陆上的人类开始饲养野猪，此后慢慢进化为现在的家猪。寄生在家猪身上的血虱属本是野猪身上的寄生虫（图106）的近亲。由于家猪的体毛比野猪少，所以特化为适合寄生的猪虱，也算是人类创造的昆虫。从进化出一个新物种所需的时间来说，一万年其实很短暂。专门寄生在家畜身上的虱还包括牛血虱、牛颚虱、狭颚虱等。

图106　野猪血虱

一千五百年不过转瞬之间

太平洋中部的夏威夷诸岛从形成那天起就远离大陆，这种岛屿被称为海岛。其中，科隆群岛与日本的小笠原群岛一样，栖息着很多特有的生物。这些生物的祖先长途跋涉，随着海风或洋流偶然来到岛上，在岛上繁衍分化出各种新种。此后，原来物种很少的单一种群在孤岛或邻近岛屿上分化出很多不同的种。比如夏威夷诸岛上特有的 *Plagithmysus*、果蝇科及尺蛾科等，就是由几个种群分化为多个种的典型例子。

草螟科的某一属的蛾，有二十三个特有种分布在夏威夷岛上，其中五种只吃香蕉叶子。但是香蕉是大约一千五百年前，由印度尼西亚人带到岛上后才开始种植的，所以这些种类应该是这一千五百年间由别的种类进化而来的。进化一般要花上数十万年，甚至数百万年，才会有一些肉眼可见的变化。如果说血虱属是个特例的话，那草螟科就是特例中的特例了。它们的案例说明只要条件具备，进化也可以在短时间内完成。

也许，我们已知的一些昆虫也是最近才在人类环境的影响下，由其他物种分化而来的。

昆虫传播的疾病

人口大灭绝

由昆虫作为媒介传播的疾病，影响之巨大，威力之迅猛，即使在现在也属于世界性问题。我想拿出较长的篇幅进行一些介绍。

历史上最惨烈的传染病事件恐怕是十四世纪爆发的鼠疫了，它主要由寄生在老鼠身上的印鼠客蚤（图107）引起。跳蚤是蚤目的全变态昆虫，猫或狗身上寄生的种类是常见物种。

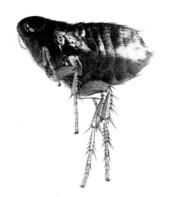

图107　寄生在老鼠身上的一种跳蚤 © 龟泽

　　鼠疫有各种症状，别称"黑死病"。病菌进入人体血液，引发败血症，患者全身长满黑斑，极为恐怖，而且死亡率极高。据说十四世纪鼠疫横行时，欧洲有三分之一到一半的人口死于该病。由于当时欧洲还是农庄制度，大规模人口死亡导致农奴不足，给欧洲社会带来了巨大的影响。此后鼠疫仍未绝迹，不断爆发，十九世纪更在印度造成大量人口死亡，就连日本也出现过小规模流行。

　　预防鼠疫，非常重要的一点是驱除跳蚤的寄主老鼠，但要将野生老鼠驱逐出鼠疫高发区，何其艰难。

　　近年来，曾经爆发过鼠疫的区域也开始有人类居住，非洲等地的流行病例再度增加。人们一般认为黑死病是古老的传染病，但直到一九九四年，印度仍有数千人死于该病。由此可见，黑死病绝不是只存在于过去的疾病。

不仅如此，日本各地还能发现印鼠客蚤的踪迹，万一这些跳蚤身上带有鼠疫杆菌，日本很可能再次爆发鼠疫。

恐怖的昏睡性脑炎

关于以昆虫为媒介的感染病，我来介绍一点自己的亲身体验。

我曾经在喀麦隆的森林里考察，蹲下身解决内急的时候，忽然感觉到脚踝阵阵刺痛，仔细一看，一只眼睛圆溜溜的可爱小蝇正用口器刺进我的皮肤。这是我第一次遭遇舌蝇科（图108）的情形。当时我觉得很痛，"昏睡性脑炎"这个名词马上在脑海中划过，之后又不小心被咬了两次，整天担心会不会发病，惶惶不可终日。

螫螫蝇是分布在非洲热带地区的吸血蝇类，属于舌蝇科，与之前介绍的虱蝇是相近的种类。它们体长约为一厘米，有注射针管一样的口器，被刺中的痛感不亚于被一根粗针扎中皮肤。一般来说，吸血昆虫为了能长时间吸血，会尽量让对方感觉不到疼痛，

图 108　咬过笔者的舌蝇科的一种 *Glossina* sp. 的标本（喀麦隆）

所以我对螫螫蝇叮咬后如此剧烈的疼痛感到不解。

可能是因为螫螫蝇主要的吸血对象并非人类，而是一些皮肤厚实的大型兽类。它们还有一个与一般蝇类不一样的地方，会紧紧抓住吸血对象，很难赶走。这大约也是针对大型动物和鸟类产生的一种进化。

不管怎么说，令螫螫蝇声名远扬的原因，还是因为它携带一种叫作锥虫的原生动物，成为"昏睡性脑炎"的传染媒介。感染者的初期症状是发烧和头疼等，渐渐引发神经性病变，之后睡眠周期完全被打乱，最后陷入昏睡状态，甚至死亡。

传染病的媒介——吸血蝇

一千多年前，阿拉伯人把领土扩大到非洲以北，建立了伊斯兰帝国，据说由于"昏睡性脑炎"的肆虐，他们最终没能征服撒哈拉沙漠以南的地区。

虽然现在非洲已经渐渐遗忘这种曾经肆虐的疾病，但它对人类和家畜来说仍然有巨大的危险。

我在日本还被一种名为蚋（图109）的小蝇咬过。虽然它们不过是两三毫米的小虫，在非洲却是一种非常可怕的疾病——"河盲症"的传播媒介。这种病是因为旋盘尾线虫进入体内，侵入视神经，从而导致失明。

蚋在幼虫期生活在水中，成虫大多活跃在江河流域，所以

图 109　蚋的一种 © 岛田

住在河流周边的人极易感染，"河盲症"也由此得名。迄今为止感染过这种病的患者多达两千五百万人。

　　我在调查期间还有一次被咬的经历，当时的疼痛感不亚于被螯螯蝇叮咬那次。起初我有些惊慌，但发现那是一只身长一厘米左右的虻科的合瘤斑虻（图 110），不是螯螯蝇，就没太在意，默默地让它吸完血。回国后一搜索，才发现这种昆虫是名为罗阿丝虫的大型寄生虫的寄主，整个人瞬间僵住了，好在并没有感染。

　　总而言之，非洲这些吸血蝇基本都是某种传染病的媒介，

图 110　斑虻亚科的一种斑虻 *Chrysops*
sp.（马来西亚）© 小松

十分危险。

在日本，蚊子以外的双翅目昆虫基本不会引发传染病，但有一种统称绕眼果蝇（图111）的小蝇，会飞进人的眼里，它是一种名为"东洋眼虫"的寄生虫的宿主。这种原本以狗为宿主的寄生虫也会感染人类。

图111　小朋友眼睛下面黑痣一样的东西就是绕眼果蝇 © 岛田

查加斯病

南美地区生活着几种吸血性的猎蝽科的锥猎蝽（图112），它们是查加斯病的传播媒介。

这种病不通过锥蝽的口器来传播，而是粪便。锥蝽粪便中含有一种叫作克氏锥虫的病原体，锥虫叮咬熟睡的人类后，会在伤口处留下粪便，寄生虫通过伤口进入体内，于是人们便会感染查加斯病。可怕的是，患者在感染后并没有任何症状，经过十年或二十年的潜伏期后，才会出现心脏肥大、心肌病等心

图 112　长红锥猎蝽的一种 *Rhodnius prolixus*（秘鲁）© 小松

脏疾患，最终猝死。

由于南美贫穷地区较多，通常没有普及感染源的相关知识，政府部门也没有积极宣传预防措施。

我在南美秘鲁的亚马孙丛林深处收集昆虫的时候，曾经用电灯的光吸引昆虫，但是也招来了很多锥蝽。当时住在适合锥蝽生息的简陋建筑物中，我每晚都在睡梦中提心吊胆。

日本有很多从南美归来的打工者，他们可能携带的病原体也许会在献血时传播出去，但由于没有明显症状，很难说日本国内是否潜伏着很多查加斯病的感染者（或许我也是其中一个呢）。

在南美还有一种利什曼病，是由另一种克氏锥虫引起的，传播媒介是叫作巴浦白蛉（图 113）的白蛉科的小蚊子。在印度和非洲也会传染这种疾病，不同型的症状不同，严重的会引发重度皮肤病或各种内脏疾病。巴浦白蛉比普通的吸血蚊小，发现目标后会猛冲下来刺伤肌肤、吸食血液，人类被叮咬后会感

图 113　白蛉科的一种 *Lutzomyia* sp.（秘鲁）© 小松

到轻微的刺痛。

以上介绍的几种由寄生虫引发的疾病，目前完全没有预防药物，治疗起来也比较困难，这才是它们的可怕之处。

最恐怖的吸血虫

在传染病的媒介昆虫中，最令人害怕的应该是双翅目的蚊科昆虫。有句俗语"就当被蚊子咬了"，多用来形容不足挂齿的事情，虽说被蚊子叮咬不过是痛痒片刻，可它作为媒介传播疾病的威力却让人背脊发凉。

其实在世界范围内，野生动物导致人类死亡的原因，位列第一的就是由蚊子传播的传染病，死亡人数比位居第二的被野生动物咬死的数量多很多。

在蚊子传播的传染病中，最值得关注的就属以疟蚊族群（图114）为媒介的疟疾了，这种传染病在很多地方已经得到控制，但由于感染力极强，仍在非洲、东南亚及南美大陆蔓延。

　　疟疾是被蚊虫叮咬或输入疟原虫携带者的血液，感染疟原虫引起的虫媒传染病，主要症状为发热，严重的在短时间内就会导致患者死亡。

图 114　疟蚊的一种 *Anopheles*
sp.（马来西亚）© 小松

　　我在泰国调研期间采访过的一位植物研究者，不久前就因为感染恶性疟疾不幸离世，所以对我们这些经常出入热带地区的研究者来说，疟疾也是一种可怕的常见病。

　　日本历史上记载的可怕的"打摆子"其实就是我们所说的疟疾，直到近代，北海道到冲绳都曾经疟疾泛滥，冲绳某座岛的一些部落因为集体感染疟疾，所在的村落成为荒村。

　　此外，还有登革热、日本脑炎、犬恶丝虫病等以蚊子为媒介的传染病，简直不胜枚举。

　　值得庆幸的是，我目前没有任何发病征兆，但毕竟被吸血昆虫叮咬过，总觉得身上应该感染了某种疾病。

从上面的内容不难看出，非洲可以说是这些病症的"集合地"。在漫长的历史上，只要人类存在一天，与吸血昆虫、原虫及寄生虫之间的关系就将一直存在，并持续下去。

想预防这些恐怖的传染病，最好的方法是尽量避免被上面提到过的蚊虫叮咬，但我这个昆虫学家在短期停留期间都没有幸免，可见对于生活在当地的居民来说，杜绝感染实在是太难了。

在日本，虱子更可怕

虽然在考察期间，我没有感染什么严重的疾病，但也有被硬蜱科（图115）叮咬染上立克次氏体病的经历，当时原因不明的高烧持续不退，让我十分痛苦。

最近发现了一种致死率很高的病症SFTS[1]，是被蜱虫（扁虱）

图115　正在笔者皮肤上吸血的龟形花蜱的近亲（马来西亚）

---

[1] Severe fever with thrombocytopenia syndrome 的缩写，发热伴血小板减少综合征，俗称"蜱虫病"。

叮咬后引发的感染，引起了大家的关注。然而，就传染病而言，在日本由蜱螨亚纲（真蜱科、恙螨科）传播的疾病比由昆虫传播的更恐怖。

虽然并非广为人知，但日本也有蜱传脑炎，这种流行于欧洲至俄罗斯远东地区的病症分为好几种类型，共同点是致死率极高，就算治愈后也会留下严重的后遗症。日本很多地方的蜱虫或恙螨都带有各种立克次氏体，还有一些寒冷地区的蜱虫会传播莱姆病。这些传染病不但症状严重，而且多数得不到及时治疗就会死亡。

近几年，日本各地的鹿和野猪数量越来越多，接近人群的机会也大大增加，人们更容易被寄生在它们身上的扁虱类叮咬。而且鹿的数量增加已经为各地带来严重的环境问题，那么传染病的预防就要从驱除病源开始，及早着手。

被人嫌弃的虫子和被人喜爱的虫子

农业灾害

除了传播疾病外，昆虫对人类的第二大威胁就是对农作物的侵害。很多文献表明自农耕时代以来，人类就饱受虫害之苦。

农耕要集中种植某种特定的作物，如果出现以此为食的昆虫，这片田地就成为它们尽情吃喝、无穷无尽地繁殖子孙后代的天堂。所以，人类的农耕史也是一部与害虫作战的历史。

最有名的害虫当属蝗虫，沙漠蝗、东亚飞蝗（图 116）或斑角蔗蝗之类会成群结队地移动，吃光作物，造成严重的经济损失，导致粮食短缺引发饥荒。在日本，沙漠蝗的数量经常爆发性增长，因而产生了"蝗灾"这个名词。

图 116　东亚飞蝗 © 长岛

水稻是日本最重要的农作物，自古以来就备受害虫侵扰。水稻主要的害虫是稻飞虱，一种长约三四毫米的体型微小的昆虫。这种昆虫会在进食时往水稻里注入毒素，引起病害，让水稻成片成片地枯死。

稻飞虱难以防治，因为即使抑制住日本本国的虫害，每年还是有很多稻飞虱从东南亚或中国飞来。而且最近出现了很多抗药性很强的变异体，让驱逐工作变得更加困难。在没有化学农药的时代，人们从鲸鱼身上提取出鲸油，浇灌到田里，来淹死拨落下来的稻飞虱，只是这种方法有些费劲。

不光是农业，深受虫害影响的还有林业，人类虽然一直致力于开发更加有效的驱虫方法，或者使农作物产生带有杀虫物质的转基因，但与害虫的战争还将长时间持续下去。

日本最危险的野生动物

昆虫除了会传播疾病、对农作物造成损害，也会攻击人类。

在日本，被胡蜂刺伤的人非常多，因此致死的人甚至比死于毒蛇或熊袭击的人还多，所以胡蜂堪称最危险的野生动物。主要是由于被蜇后，大多数人会产生过敏症状，在极短的时间内引发过敏性休克，陷入呼吸困难或血压降低等危急情况。

雌性胡蜂在交尾过后会单独越冬，到了春天开始筑巢，秋天巢内通常会有数千只胡蜂。要是在这个时候刺激胡蜂窝的话，很容易被蜇。

此外，体形更大的危险的金环胡蜂（图117）有守护觅食

图117　金环胡蜂 © 长岛

场所的习性，和独角仙一起聚集在有树液的地方。采集昆虫时，触碰到这些地方的话很容易被蜇。这种胡蜂毒性强大，就算不产生过敏反应，也会引发各种危急症状。

此外，如果捅了马蜂亚科或熊蜂等的蜂窝，它们也会攻击人类。

身边的剧毒昆虫

我们身边的毛虫经常会刺伤人类。特别是公园篱笆边的山茶等植物上的茶毒蛾幼虫，它们身上的毛就像充满毒液的针管，被刺伤的皮肤会严重发炎。

同样要小心的还有黄刺蛾和枯叶蛾科的幼虫，也是我们身边常见的有危险性的毛虫，不过大部分毛虫是无毒的。

夏天的时候，田园地带有很多隐翅虫科的甲虫——梭毒隐翅虫（图118），这类甲虫有趋光性。要是不小心拍扁它们，染上含有青腰虫素这种毒素的体液，会导致皮肤灼伤，所以它们也被称作"烧伤虫"。

图118　梭毒隐翅虫 © 长岛

会引发相似症状的昆虫，还有之前介绍过的含有斑蝥素毒素的拟天牛科甲虫，别名"电灯虫"。

家里的"烦人虫"

昆虫还在其他方面干扰着人类的生活。比如说叫作小圆花皮蠹的皮蠹科小甲虫，就常常把我们的毛衣咬出洞来。为了预防这种小虫，需要在衣柜里放置杀虫药。

图 119　家衣鱼 © 长岛

还有窃蠹科的甲虫 *Gastrallus immarginatus* 以及家衣鱼（图 119）等缨尾目昆虫，都会对书本造成危害。

图 120　玉米象 © 长岛

还有一些害虫会把人类储藏的粮食吃掉。像大米中经常出现的玉米象（图120），或是在红豆储存盒周围飞来飞去的叶甲科甲虫绿豆象等。

近年来，在日本各地，

图 121　阿根廷蚁的工蚁 © 长岛

名为阿根廷蚁（图121）的外来蚂蚁数量激增，它们有强大的繁殖力，而且经常侵入人类的房屋，虽然不会咬坏什么，但也是令人不快的害虫。而且此类外来蚂蚁还会驱逐本地的蚂蚁，是衍生出许多问题的外来生物。

令人讨厌的蟑螂

要评选最让人讨厌的昆虫，恐怕非蟑螂莫属，虽说它也会传播病原体，可与之前介绍的那些病媒昆虫相比，蟑螂从来没有引发过什么严重的问题和病症。说它们最讨厌不免有些冤枉，可家里随处可见它们的身影，着实令人不快。

对蟑螂的这种过度反应，与我们幼儿时期受到的影响有很大关系。小时候，一旦发现蟑螂，周围的大人们总是会惊慌失措，自然在我们心中留下了这是一种恐怖生物的印象。父母对孩子

图122　拟瓢蠊的一种 *Prosoplecta* sp.（左）和瓢虫的一种（右）（菲律宾）

日后人格和兴趣的养成有很大的影响，蟑螂的例子恐怕也能从侧面说明这一点。

其实只有黑胸大蠊和德国小蠊等数十种蟑螂会侵入人类家中，大部分蟑螂都生活在森林中，不会对人类的生活造成什么影响。"蟑螂都是讨厌鬼"这句话未免有些武断和失礼。

话虽这么说，我其实非常讨厌毛毛虫，看毛虫的图鉴对我来说都是一种折磨，所以很理解人们讨厌蟑螂的心理。

一种栖息在东南亚的昆虫拟瓢蠊，长的很像可爱的昆虫的代表瓢虫。这对那些声称喜欢瓢虫却讨厌蟑螂的人大概是一种嘲讽，昆虫就是这样，经常给我们带来一些意外的惊喜。

此外，与蝈螽（蝈蝈）同属直翅目的灶马（图123）和蟑螂一样，也是人类讨厌的对象。以前灶马也生活在普通人家中，现在却不多见了。

灶马其实并没有干什么坏事，只是因为外貌就招人讨厌，

图123　体形巨大的灶马 *Diestrammena nicolai* © 岛田

想想也十分可怜。不过这纯粹是我的个人看法，不管人类是讨厌还是喜欢，灶马大概不会有任何感觉。

家养昆虫

到现在为止，我们介绍过农业害虫、不卫生的害虫、令人不快的昆虫，它们与人类之间的关系都是负面的，当然昆虫也有对人类有益的方面。提到在人类生活中占有重要地位的昆虫，首先就能想到为我们提供蚕丝的蚕（图124）和酿造蜂蜜的蜜蜂（图125）。

图124　蚕的成虫和茧

图125　西洋蜂的工蜂 © 奥山

蚕是昆虫界唯一完全家畜化的昆虫，幼虫不必外出觅食，成虫也无法飞行。这种习性也根本无法在野外生存。

人类的养蚕史很悠久，可以追溯到五千年前。据说日本本土的野桑蚕也是经由中国饲养和改良的品种。

另一方面，产蜜的西洋蜂是一种改良品种，人们将野生蜂的蜂巢放入蜂箱，在半野生的状态下饲养，这种改良是为了达到产量更高的目的。日本本土的日本蜜蜂要比西洋蜂难以饲养和管理，所以人们一般不会饲养日本蜜蜂。有的地方会饲养来自亚洲热带地区和南美的一类名为麦蜂（又名无刺蜂）（图126）的蜜蜂。

图126　无刺蜂属的一种 *Trigona* sp.（马来西亚）

蜜蜂除了提供蜂蜜，还有其他价值。采蜜的时候，它们在花朵之间搬运花粉，可以帮助植物授粉。不过，也有人担心作为外来物种的西洋蜂会对本土蜜蜂采蜜造成影响，因为二者存在竞争关系。

可以吃的昆虫

昆虫也可以作为我们人类的食物。很久以前，人类的祖先就以昆虫为食，所以我们现代人吃虫子也没什么不可思议的。实际上，很多昆虫都具有食用价值。

刚刚介绍过的蚕蛹就可以食用。在老挝和泰国北部等地，昆虫是当地人重要的食物来源。

咸煮蚂蚱在日本也算是比较常见的料理。在昆虫料理盛行的长野县和其他内陆地区，人们还会食用各种各样的昆虫。其中鼎鼎有名的是细黄胡蜂的幼虫，味道难以形容，非常奇妙。有些地区的居民先在一只工蜂身上做记号，然后追踪它找到蜂巢，十分享受这种追踪狩猎的乐趣。细黄胡蜂幼虫在这些地区可是昂贵的高级食物。

此外，名为条纹角石蛾的毛翅目幼虫（图127）也可以食用，在长野的某些地方，也把它叫作"河蝼蛄"，每年一到季节，甚至会出现专门捕捉这种幼虫的捕虫师。

最近，人们把越来越多的虫子划入了食物的行列，甚至还有专门介绍昆虫美食的书。就像有些外国人看到日本人生吃章鱼会露出诧异的眼神一样，一般人对那些爱吃昆虫料理的人也同样抱有偏见吧。

也许有人认为以昆虫为食简直难以置信。不过，从生长在

图127　条纹角石蛾的幼虫（上）和成虫（下）© 奥山

南美仙人掌上的胭脂虫中提取出的天然色素，其实就被添加在各种食物之中，不知不觉中吃过昆虫的人可不少呢。

爱虫之心

虽然像古埃及人那样把屎壳郎视为圣虫是特例，但在欧洲南部，蝉和瓢虫很受欢迎。放眼世界，日本人也是热爱昆虫的民族，《堤中纳言物语》中的《爱虫的公主》是世界上最古老的昆虫小说。著名文学家小泉八云（本名拉夫卡迪奥·赫恩）也注意到日本人平日里很爱听各种昆虫的鸣声。

小时候，每到各种祭祀庙会，我都会跑到卖虫子的小摊上玩，那儿有金铃儿、金琵琶、蝈蝈。还记得祖母每年都养金铃儿，以听它们演奏的小曲为乐。

独角仙、锹甲就更不用说了，是孩子们童年最好的玩具。一到暑假，就见到好多孩子成群结队拿着捕虫网去抓虫子。遗憾的是，孩子们对昆虫的热爱和兴趣随着年龄的增长越来越淡薄，会抓虫子玩的成年人更是少见，这可能与日本人喜欢随波逐流的个性有关。而且现在的暑假也不再像从前那样，很少有提交昆虫标本的作业了。

不过，近年来昆虫爱好者开始遍布各个领域，研究昆虫的学者中也出现了女性的身影，单纯喜欢昆虫或是回归少年情怀的成年人也越来越多。更多艺术家开始关注昆虫的造型之美，创作出大量相关的艺术作品。

大人的这份热情恐怕不像小孩子那样是一时兴起，看到像我一样寄情于昆虫的爱好者越来越多，我心中也很欣慰。

后 记

　　我的本职工作是大学博物馆的教员，经常需要向普通的参观者或非专业科系的学生介绍昆虫。我想把昆虫的伟大之处介绍给大家，却不知该从何说起，短时间内无法把各种复杂的知识传递给大家，很担心说明不够全面，只言片语可能导致读者在理解上出现偏差。

　　市面上关于昆虫的书虽然有很多，但似乎还没有以读物的形式，从生物学角度全方位介绍昆虫是多么有趣的书。于是在本书中，我除了加入最近的所见所闻，还甄选了一些大家感兴趣的话题，对昆虫进行介绍。我写这本书，是想给"对昆虫感兴趣，但了解不多"或者"虽然不喜欢昆虫，但想探知一二"的人看看。

　　为了让大家对昆虫感到亲切，我基本上一直在拿人类和昆虫进行对比，不过就像在序言中写到的那样，昆虫的本能行为和人类经过学习后的行为还是有本质上的区别，昆虫种族之间的关系和人类个体或群体的关系也是完全不同的，所以在写作过程中，我一直注意不要让大家产生这样的误解。

和所有的学问一样，昆虫研究也在渐渐细分，连昆虫研究者也很少对所有昆虫都感兴趣，往往是针对某一领域开展专门的研究。其中也不乏只对现象感兴趣，对昆虫本身却缺乏兴趣的人。

我从小就喜欢昆虫，为了研究昆虫整体生态的发展和多样性，最近又花了足足一年的时间观察各类昆虫，或是去海外调研。我的专业是"分类学"，所以本书算是一本专业之外的作品。一开始我其实有些抵触，写完后才发现，书中也融合了我在野外观察的实际经验。

当然，仅仅介绍过去的研究多少缺乏趣味性，所以我还加入了昆虫与人类的对比，以及自己的一些考察经历，特别是在个人感兴趣的"拟态"和"角蝉"这两个领域发表了一些拙见。

由于内容繁杂，全书尽量以全面而浅显的形式进行介绍，其中省略了不少常识性的内容，但每种现象背后都有具体的参考文献。如果诸位想进一步研究昆虫及其进化历程，可以参考以下论文及书目：

石井实 等编(1996-1998)《日本动物大百科 8-10 昆虫 I-III》(平凡社)

这是一本以日本的昆虫为主题的概论性图书。因为目前市面上还没有其他用日文全面解说昆虫的书，大家能从中学到很多知识。

槐真史 编（2013）《日本的昆虫 1400 ①·②》（文一综合出版社）

这本书甄选了我们身边常见的昆虫，并配以图例解说，是一本轻巧实用的图鉴。

长谷川真理子 著（1999）《何为进化》（岩波 Junior 新书 岩波书店）

对进化感兴趣的读者可以好好读一读这本书，更加深入地了解进化的奥秘。本书浅显易懂，成年人也能受益良多。

最后我想感谢以下诸位。小松贵先生（九州大学）在平日的交谈中告诉我很多前沿资讯，还帮忙收集文献、提供照片。杉浦真治先生（神户大学）和伊藤文纪先生（香川大学）作为专家，分别为我监修全书和修订有关社会性昆虫的相关篇章，还为我献言献策。本乡尚子女士则为我仔细修改了行文辞藻。秋永日加里、奥村巴莱、佐藤步、佐藤摇、田中久稔从一般读者的视角出发，指出了书稿中晦涩难懂的部分。奥山清市和长岛圣大（伊丹势昆虫馆）、岛田拓（AntRoom）提供了很多昆虫照片。有本晃一、岩渊喜久男、龟泽洋、铃木格、野村昭英、林成多、吉泽和德、Alex Wild、Rodrigo L.Ferreira（在此省略以上各位所属公司），授权相关照片的使用权。此外，还要感激一直以来激励我、为我提建议的编辑江渊真人（Cohen 企划）和古川游也（光文社）。

图书在版编目（CIP）数据

了不起的昆虫 / （日）丸山宗利著；柳永山，张辰
亮译. —— 海口：南海出版公司，2017.11
ISBN 978-7-5442-5914-9

Ⅰ. ①了… Ⅱ. ①丸… ②柳… ③张… Ⅲ. ①昆虫－
普及读物 Ⅳ. ① Q96-49

中国版本图书馆 CIP 数据核字（2017）第 179350 号

著作权合同登记号　图字：30-2016-153

≪KONCHU WA SUGOI≫
© Munetoshi Maruyama 2014
All rights reserved.
Original Japanese edition published by Kobunsha Co., Ltd.
Publishing rights for Simplified Chinese character arranged with Kobunsha Co., Ltd.
through KODANSHA LTD., Tokyo and KODANSHA BEIJING CULTURE LTD.
Beijing, China.

了不起的昆虫

〔日〕丸山宗利 著

柳永山　张辰亮 译

出　　版　南海出版公司　（0898)66568511
　　　　　海口市海秀中路51号星华大厦五楼　邮编 570206
发　　行　新经典发行有限公司
　　　　　电话(010)68423599　邮箱 editor@readinglife.com
经　　销　新华书店

责任编辑　刘恩凡　翟明明
特邀编辑　贺　静
装帧设计　李照祥
内文制作　王春雪

印　　刷　北京天宇万达印刷有限公司
开　　本　850毫米×1168毫米　1/32
印　　张　6.25
字　　数　110千
版　　次　2017年11月第1版
印　　次　2017年11月第1次印刷
书　　号　ISBN 978-7-5442-5914-9
定　　价　45.00元

版权所有，侵权必究
如有印装质量问题，请发邮件至 zhiliang@readinglife.com